NHK

ダーウィンが来た!

★★★ 生きもの新伝説 ★★★

生きもの クイズブック

進化《しんか》のふしぎ編《へん》

NHK「ダーウィンが来た!」番組スタッフ編

NHK出版

CONTENTS

動物《どうぶつ》たちの生《い》き残《のこ》りバトル

ヒゲじい
生きものが大好きなおじさん。ちょっとでもわからないことがあると、聞いてみないと気がすまない。

第3章 知《し》られざる生《い》きものたちのスゴ技《わざ》……100

第1章

驚《おどろ》き！トゲだらけの森《もり》で暮《く》らすサルがいる？

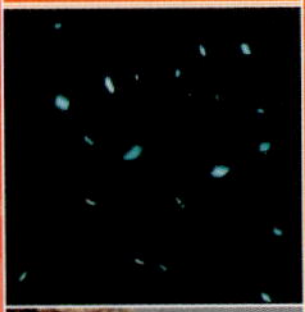

QUESTION 01

これはアメリカグマの親子《おやこ》。どうして親《おや》は黒《くろ》くて子《こ》どもは白《しろ》い?

⬆アメリカグマの親子《おやこ》。よく「クロクマ」って呼《よ》ばれるよ。

1 黒《くろ》い親《おや》から白《しろ》い子《こ》どもが生《う》まれることがある

2 子《こ》どもは生《う》まれて1年間《ねんかん》は白《しろ》く、大人《おとな》になると黒《くろ》くなる

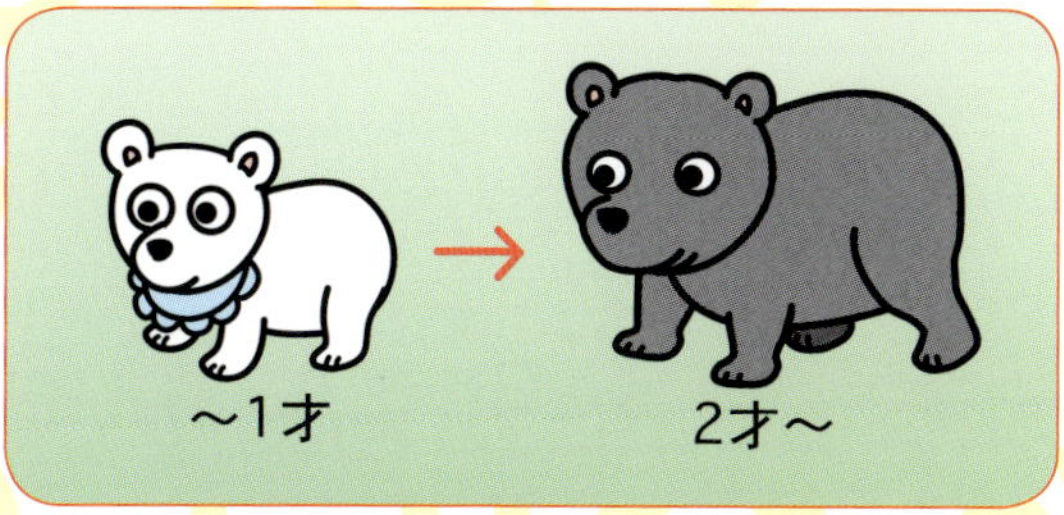

3 子《こ》どもだけが冬《ふゆ》の間《あいだ》は白《しろ》くなる

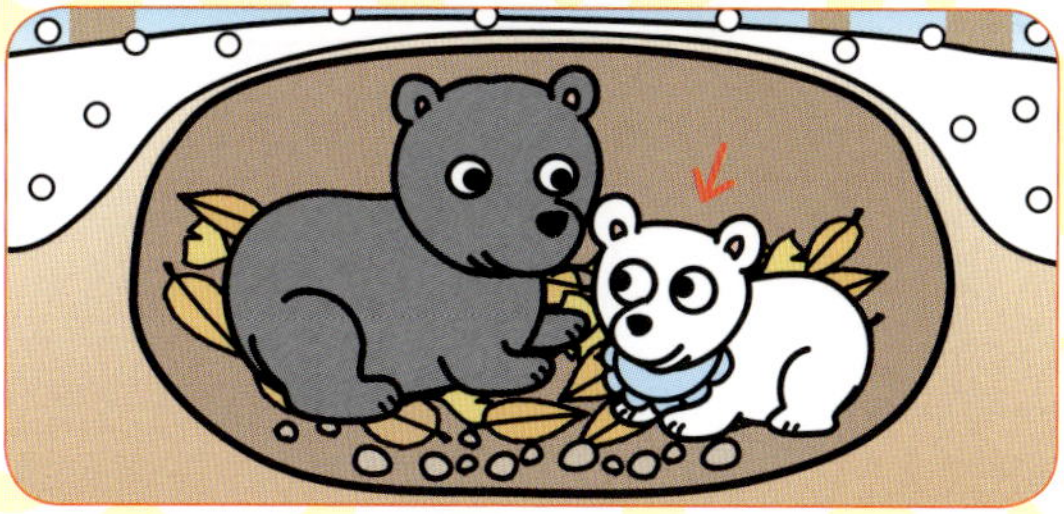

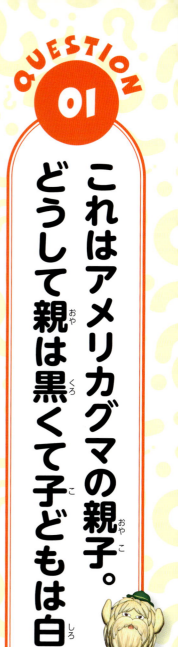

⬆毛《け》の色《いろ》がちがうだけで、どちらもクロクマだよ。

QUESTION 01

答《こた》え

1 親《おや》からもらう遺伝子《いでんし》によっては白《しろ》い子《こ》どもが生《う》まれることがある

なぜ黒《くろ》い親《おや》から白《しろ》い子《こ》どもが生《う》まれるのか

アメリカグマは、毛《け》が黒《くろ》いのでクロクマとも呼《よ》ばれていますが、白《しろ》い毛《け》のクマもいます。カナダのグリブル島《とう》では半数《はんすう》近《ちか》くは白《しろ》いからだをしています。

毛《け》の色《いろ》は親《おや》から1つずつもらう遺《い》伝子《でんし》の組《く》み合《あ》わせで決《き》まります。毛《け》を黒《くろ》くする遺伝子《いでんし》をもらえば、黒《くろ》くなり、白《しろ》くなる遺伝子《いでんし》をもらえば、白《しろ》くなります。

では黒《くろ》と白《しろ》の遺《い》伝子《でんし》を1つずつもらった子《こ》どもは、どうなるのでしょ

⬆両親《りょうしん》から白《しろ》と黒《くろ》の遺伝子《いでんし》を1つずつもらうと、黒《くろ》の遺伝子《いでんし》が優先《ゆうせん》されるよ。

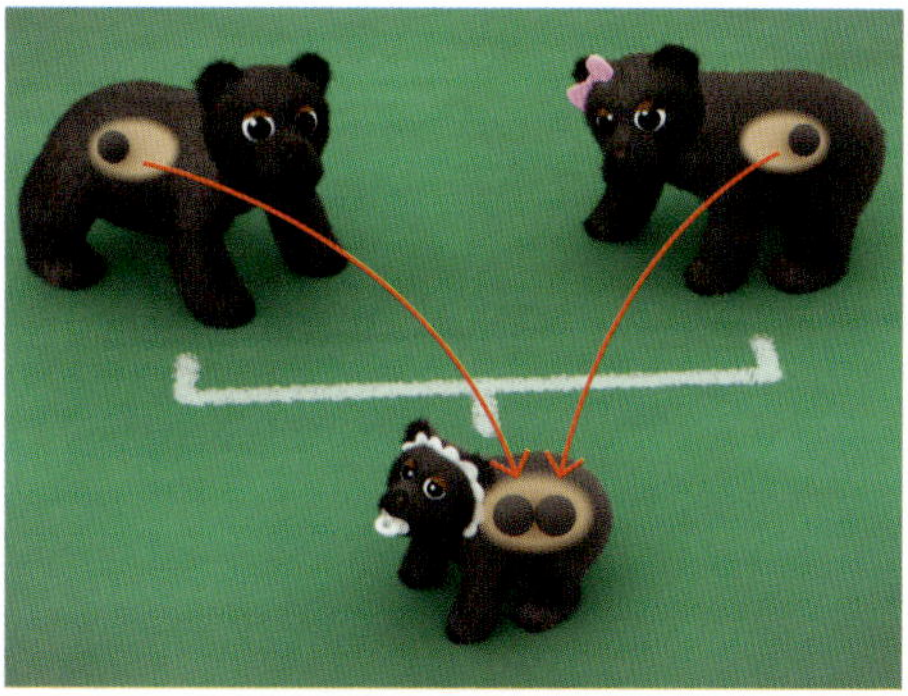

⬆両親《りょうしん》から毛《け》を黒《くろ》くする遺伝子《いでんし》をもらえば、子《こ》どもも黒《くろ》い毛《け》になるよ。

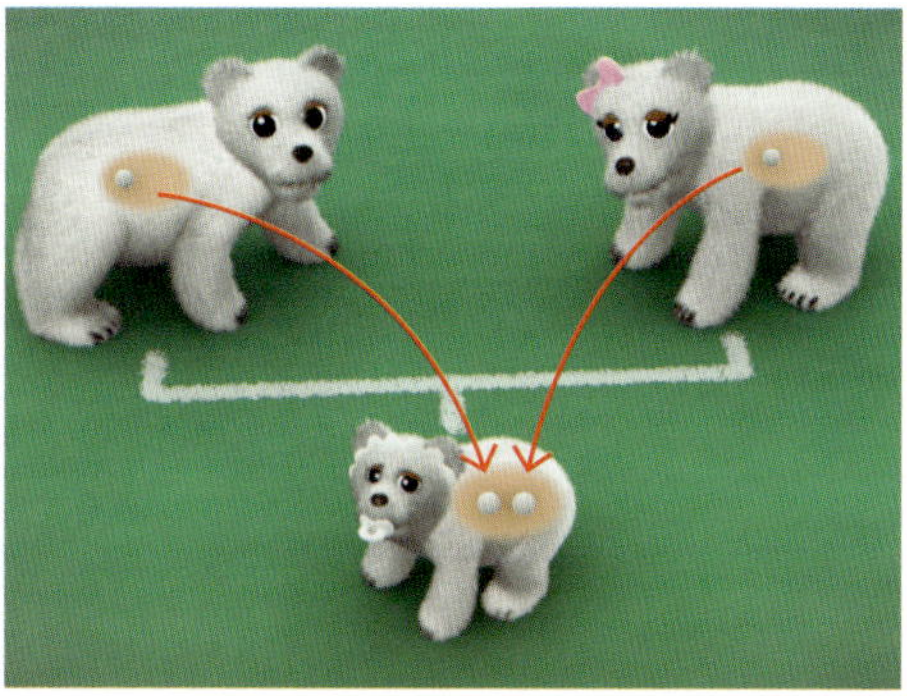

⬆両親《りょうしん》から毛《け》を白《しろ》くする遺伝子《いでんし》をもらえば、子《こ》どもも白《しろ》い毛《け》になるよ。

⬆上《うえ》の図《ず》★のような子《こ》どもは、見《み》た目《め》は黒《くろ》くても白《しろ》い遺伝子《いでんし》をもっている。その子《こ》ども同士《どうし》が親《おや》になり、白《しろ》い遺伝子《いでんし》を子《こ》どもに与《あた》えたら白《しろ》い子《こ》どもが生《う》まれるんだ。

う？　答《こた》えは黒《くろ》。でも、そのクマは見《み》た目《め》が黒《くろ》くても、毛《け》を白《しろ》くする遺《い》伝《でん》子《し》をもっていることになります。

そうしたクマから生《う》まれる子《こ》どもは、白《しろ》い遺伝子《いでんし》をもらう場合《ばあい》もあり、親《おや》の毛《け》が黒《くろ》くても、子《こ》どもは毛《け》が白《しろ》くなるのです。

白《しろ》いからだのほうが水中《すいちゅう》
からは目立《めだ》たないから、
サケをとりやすいんだ。
からだの色《いろ》が狩《か》りに
影響《えいきょう》するんですなあ

黒《くろ》より白《しろ》が強《つよ》い？

グリブル島《とう》では、白《しろ》いクマのほうが黒《くろ》いクマよりからだが大《おお》きく強《つよ》いようです。それは、サケを食《た》べる量《りょう》にちがいがあることがわかってきました。

白《しろ》と黒《くろ》のクマの狩《か》りのようすを観察《かんさつ》したところ、夜《よる》の狩《か》りではほとんど差《さ》がなかったのですが、昼《ひる》は大《おお》きな差《さ》がありました。狩《か》りの成功率《せいこうりつ》が、黒《くろ》いクマは25％、白《しろ》いクマは34％。白《しろ》いクマのほうが黒《くろ》いクマより1年間《ねんかん》で１００匹《びき》以上《いじょう》多《おお》く食《た》べているといわれています。

サケは目《め》がいい魚《さかな》です。サケがいる水中《すいちゅう》から上《うえ》を見《み》たとき、黒《くろ》いからだは白《しろ》いからだより目立《めだ》つのです。つまり昼間《ひるま》の狩《か》りでは、サケからわかりにくい白《しろ》いからだのほうが有利《ゆうり》というわけです。

【ミニデータ】撮影場所《さつえいばしょ》：カナダ。「なぜ？ 白《しろ》いクロクマ」

QUESTION 02

この中《なか》でスラウェシメガネザルができないことは？

⬆大《おお》きな目《め》と大《おお》きな耳《みみ》のスラウェシメガネザル。体長《たいちょう》は12cmくらいだよ。

1 大《おお》きなジャンプをする

2 目玉《めだま》だけを動《うご》かす

3 首《くび》をフクロウのように自由《じゆう》に動《うご》かす

←↑ライオンはライトを当《あ》てると目《め》が光《ひか》る。スラウェシメガネザルは光《ひか》らないよ。

QUESTION 02

答《こた》え

❷ 大《おお》きな目《め》は光《ひかり》をたくさん集《あつ》めるので暗《くら》くてもよく見《み》えるが、目《め》だけを動《うご》かせない

夜行性《やこうせい》なのに目《め》が光《ひか》らない

夜《や》行《こう》性《せい》の動《どう》物《ぶつ》はライトを当《あ》てると目《め》が光《ひか》りますが、スラウェシメガネザルの目《め》は光《ひか》りません。目《め》が光《ひか》る動《どう》物《ぶつ》は、目《め》の奥《おく》に光《ひかり》を反《はん》射《しゃ》する特《とく》殊《しゅ》な膜《まく》をもっていますが、スラウェシメガネザルにはありません。膜《まく》の代《か》わりに目《め》が巨《きょ》大《だい》化《か》し、光《ひかり》をたくさん集《あつ》めて、夜《よる》でも見《み》ることができるしくみです。

片《かた》目《め》だけで脳《のう》と同《おな》じ重《おも》さがあります。目《め》が大《おお》きくなりすぎたため、目《め》だけを動《うご》かすことはできません。フクロウのように自《じ》由《ゆう》に首《くび》を動《うご》かして、見《み》る方《ほう》向《こう》を変《か》えています。

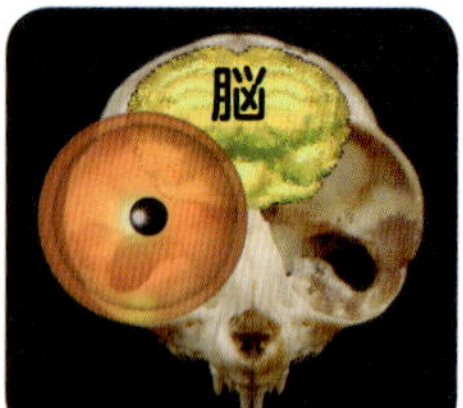

↑片《かた》目《め》だけで脳《のう》と同《おな》じ重《おも》さがあるよ。

⬆踏《ふ》みこんで力《ちから》をためて太《ふと》い足《あし》で力強《ちからづよ》くけるよ。

ジャンプの距離《きょり》はからだの25倍《ばい》

インドネシアのスラウェシ島《とう》のジャングルに暮《く》らすスラウェシメガネザルは、助《じょ》走《そう》なしで、ジャンプします。最大《さいだい》3m。体《たい》長《ちょう》が12㎝くらいですから、その25倍《ばい》も跳《と》んでいることになります。そのジャンプは1秒弱《びょうじゃく》。スピードもあるので、ねらわれた虫《むし》は逃《に》げることができません。

⬆目《め》を動《うご》かせないけれど、首《くび》がフクロウのようにくるくる動《うご》くよ。

虫《むし》をつかまえるときは目《め》をつぶるよ。

目《め》ではなく、頭《あたま》で距離《きょり》を測《はか》る

スラウェシメガネザルは食《た》べものの虫《むし》をつかまえるとき、目《め》をつぶります。虫《むし》の反撃《はんげき》で傷《きず》つかないようにするためです。目《め》をつぶっているのに、獲《え》物《もの》のところまでずれずに跳《と》びつけるのはなぜでしょう？

ジャンプの前《まえ》に頭《あたま》を動《うご》かすことで距離《きょり》を測《はか》っているらしいのです。頭《あたま》を動《うご》かしながらものを見《み》ると、近《ちか》くのものは位《い》置《ち》が大《おお》きくずれますが、遠《とお》くは、ズレが小《ちい》さくなります。遠《とお》くの虫《むし》のわずかなズレを測《はか》ることで、正《せい》確《かく》な距離《きょり》を測《はか》っていると考《かんが》えられています。

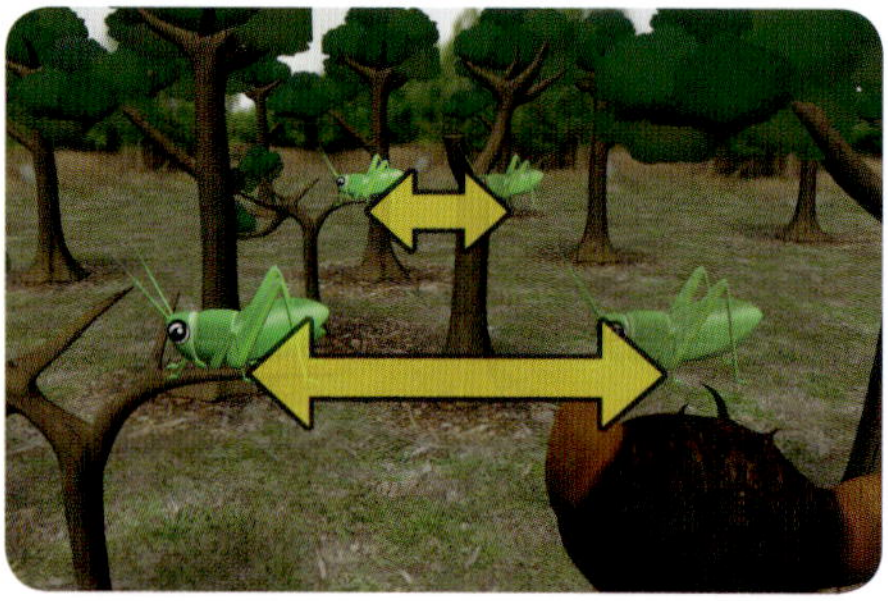

⬆頭《あたま》を動《うご》かして、遠《とお》くと近《ちか》くで見《み》るときの位置《いち》のズレで距離《きょり》をキャッチするよ。

【ミニデータ】撮影《さつえい》場所《ばしょ》：インドネシア、スラウェシ島《とう》。「ジャンプ一筋《ひとすじ》! メガネザル」

QUESTION 03

ヨダレカケという魚《さかな》が苦手《にがて》なことは？

⬆口《くち》の下《した》が、赤《あか》ちゃんがつける「よだれかけ」に似《に》ていることからその名《な》がついたヨダレカケ。体長《たいちょう》は10㎝くらいだよ。

1 水《みず》の中《なか》で泳《およ》ぐ

2 空中《くうちゅう》をジャンプする

3 岩《いわ》にはりつく

⬆岩《いわ》の上《うえ》で気持《きも》ちよさそうなヨダレカケ。波《なみ》がくるとジャンプして逃《に》げるよ。

⬅白《しろ》い「よだれかけ」のところは吸盤《きゅうばん》になっていて、岩《いわ》にピタッとはりつくことができるんだ。

QUESTION 03 答《こた》え

① 水《みず》は苦手《にがて》。藻《も》を食《た》べるために岩《いわ》にはりつく

陸上《りくじょう》で暮《く》らすのは、岩《いわ》にはえている藻《も》を、水中《すいちゅう》の敵《てき》にじゃまされずに食《た》べることができるからだといわれています。

ヨダレカケはほかの魚《さかな》のようにエラで呼吸《こきゅう》もできますが、皮膚《ひふ》で呼吸《こきゅう》してとりこむ酸素《さんそ》のほうが多《おお》いのです。目《め》の構造《こうぞう》も陸用《りくよう》になっていて、水中《すいちゅう》ではピンぼけに見《み》えてしまいます。卵《たまご》を産《う》むところも、もちろん陸《りく》です。

⬆岩《いわ》の藻《も》を食《た》べているよ。

【ミニデータ】撮影場所《さつえいばしょ》：鹿児島県口永良部島《かごしまけんくちのえらぶじま》。「シリーズ 鹿児島《かごしま》の奇妙《きみょう》な魚《さかな》②え!? 水《みず》がキライな魚《さかな》」

QUESTION 04

暗闇《くらやみ》で光《ひか》るこの生《い》きものの正体《しょうたい》は？

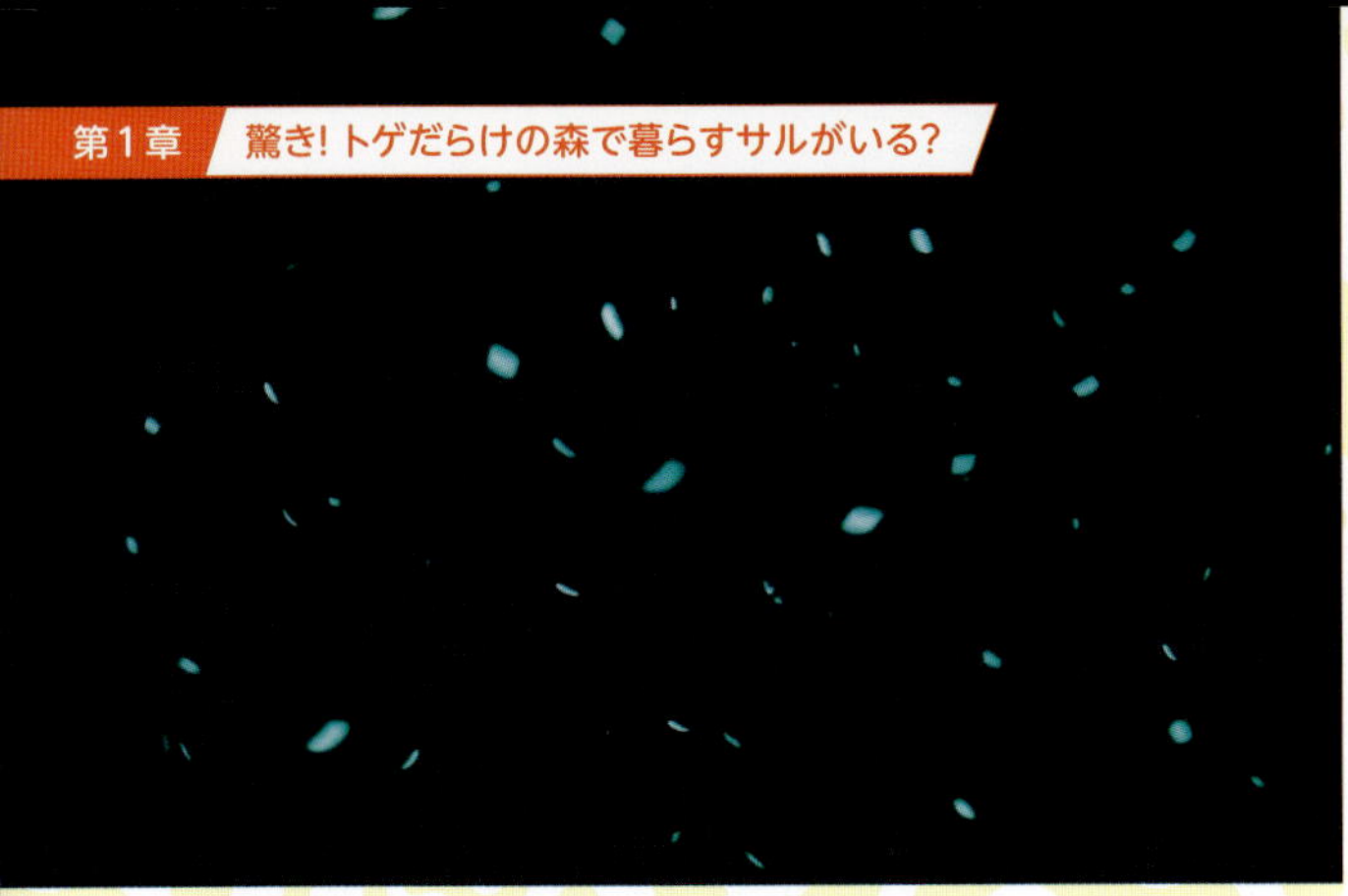

⬆天《あま》の川《がわ》みたいにきれいなんだって。

1 魚《さかな》の群《む》れで、からだの一部《いちぶ》が光《ひか》っている

2 虫《むし》の群《む》れで、ホタルのようにおしりが光《ひか》る

3 鳥《とり》の群《む》れで、羽《はね》の一部《いちぶ》が光《ひか》っている

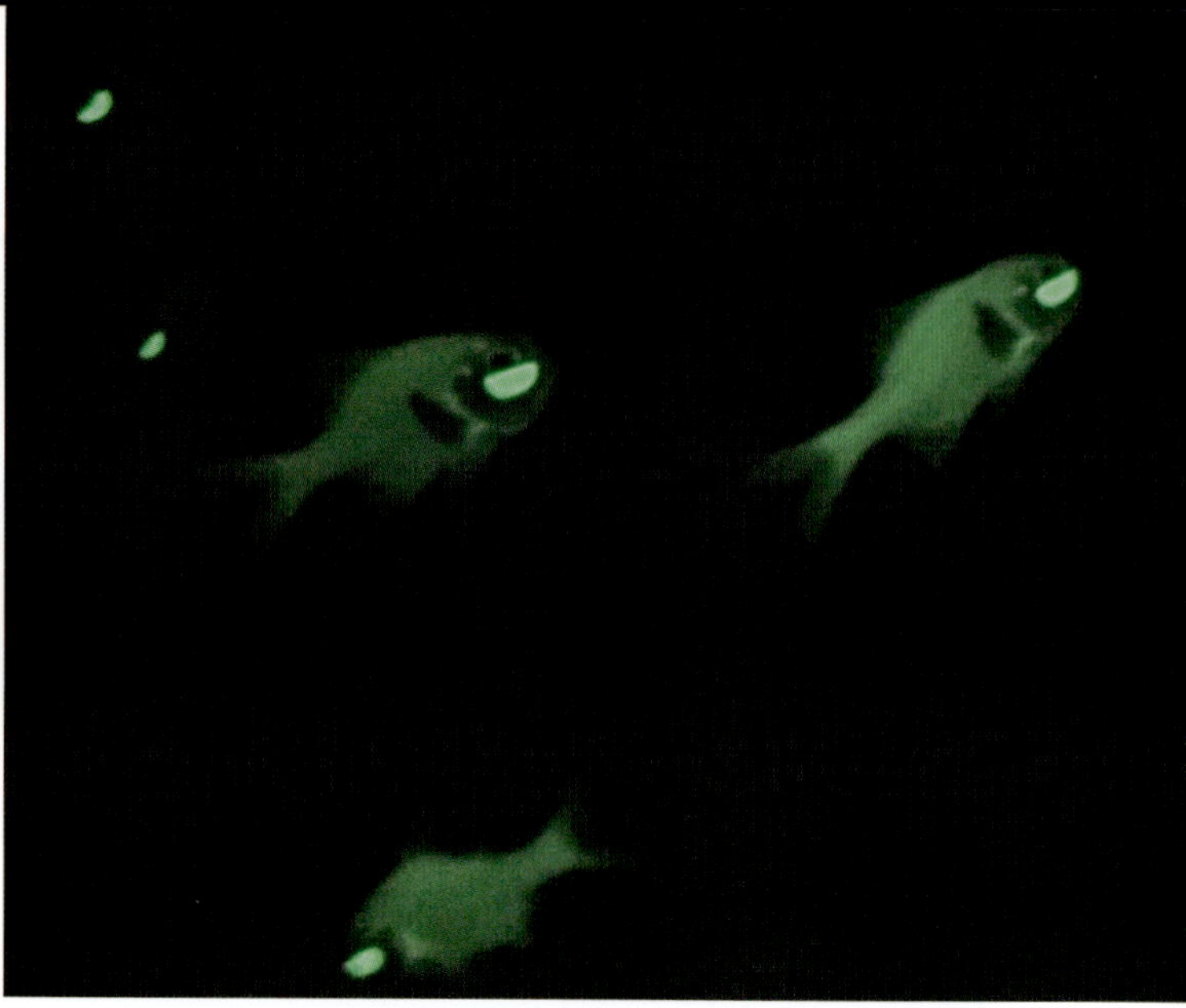

↑光《ひかり》の正体《しょうたい》は魚《さかな》の発光器《はっこうき》。目《め》の下《した》にあるよ。

↓光《ひかり》の大《おお》きさがちがうよ。

QUESTION 04

答《こた》え

① からだに発光器《はっこうき》をもつ幻《まぼろし》の魚《さかな》！

光《ひかり》の正体《しょうたい》は、オオヒカリキンメダイとヒカリキンメダイという2種類《しゅるい》の魚《さかな》の光《ひかり》です。目《め》の下《した》に発光器《はっこうき》と呼《よ》ばれる器官《きかん》があり、中《なか》には光《ひか》るバクテリアがすんでいます。実《じつ》は魚《さかな》が光《ひか》っているのではなくバクテリアが光《ひか》っています。バクテリアは魚《さかな》から栄養《えいよう》をもらい、魚《さかな》はこの光《ひかり》を利用《りよう》して敵《てき》から逃《に》げるなど、お互《たが》いに助《たす》けあって生《い》きています。

バクテリアは常《つね》に光《ひか》り続《つづ》けますが、点滅《てんめつ》させているのは魚自身《さかなじしん》。オオヒカリキンメダイは発光器表面《はっこうきひょうめん》の膜《まく》を動《うご》かして発光器《はっこうき》を隠《かく》したり出《だ》したりして点滅《てんめつ》させます。ヒカリキンメダイの発光器《はっこうき》は回転式《かいてんしき》で裏表《うらおもて》にまわして点滅《てんめつ》しています。

【ミニデータ】撮影場所《さつえいばしょ》：フィリピン。「海中《かいちゅう》の流星群《りゅうせいぐん》！ 神秘《しんぴ》の発光魚《はっこうぎょ》」

QUESTION 05

イボイノシシのイボはどんなときに役《やく》に立《た》つ？

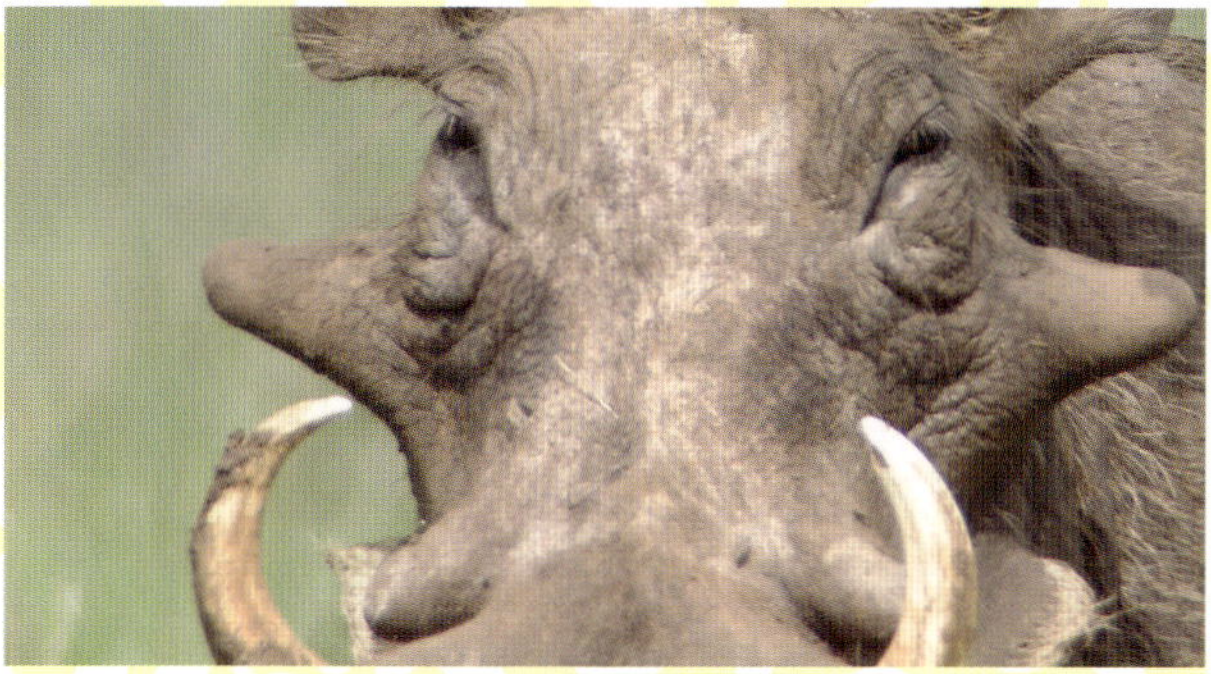

⬆名前《なまえ》のとおり大《おお》きなイボが目立《めだ》つね。

1 けんかのときに大《おお》けがを防《ふせ》ぐ

2 イボで敵《てき》を感知《かんち》できる

3 イボが多《おお》いオスほどもてる

おかあさんと子《こ》ども。イボイノシシのおもな食《た》べものは草《くさ》だよ。

まるで馬《うま》のような走《はし》りだね。

キバを使《つか》って闘《たたか》うオス。前足《まえあし》をまげてふんばっているよ。

QUESTION 05

答《こた》え

① オス同士《どうし》の闘《たたか》いのとき イボで身《み》を守《まも》る

メスをめぐって争《あらそ》う繁殖《はんしょく》シーズンには、キバを使《つか》ってオスはけんかをします。そんなとき、顔《かお》にある3対《つい》のイボが、相手《あいて》のキバから目《め》や鼻《はな》、のどなどを守《まも》ってくれます。イボは皮膚《ひふ》が変形《へんけい》してできたもので、オスのほうがメスより大《おお》きいのが特徴《とくちょう》です。

日本《にほん》のイノシシより足《あし》が長《なが》いのも特徴《とくちょう》。最高時速《さいこうじそく》55㎞くらいで走《はし》り、イノシシのなかまの中《なか》ではいちばんの速《はや》さです。しかも全速力《ぜんそくりょく》で1㎞も走《はし》れるスタミナの持《も》ち主《ぬし》。ライオンやチーターに追《お》われても、走《はし》って逃《に》げきることも多《おお》いそうです。

【ミニデータ】撮影場所《さつえいばしょ》：タンザニア。「突進《とっしん》! イボイノシシ」

QUESTION 06

トキのからだは冬《ふゆ》になると変《か》わるところがある。それはどこ？

⬆トキは、アジア東部《とうぶ》に古《ふる》くからすんでいたといわれるきれいな羽《はね》をもつ鳥《とり》。顔《かお》や脚《あし》は赤《あか》いよ。

1 羽《はね》の色《いろ》が黒《くろ》っぽくなる

2 冬《ふゆ》に備《そな》えてものすごく太《ふと》る

3 すべての羽《はね》がぬけてしまう

⬆冬《ふゆ》は黒《くろ》っぽく、夏《なつ》は白《しろ》、春《はる》と秋《あき》は灰色《はいいろ》。季節《きせつ》でからだの色《いろ》が変《か》わるんだ。

QUESTION 06 答《こた》え

①目《め》立《だ》たないように、羽《はね》の色《いろ》を変《か》える。

季節《きせつ》でからだの色《いろ》が変《か》わる

冬《ふゆ》になると、トキのからだは黒《くろ》っぽくなります。自《じ》分《ぶん》の首《くび》の後《うし》ろから皮《ひ》膚《ふ》の一《いち》部《ぶ》をこすりとって、からだにぬりつけるからです。

トキは寒《さむ》さのきびしい冬《ふゆ》に卵《たまご》を産《う》みます。巣《す》の上《うえ》を飛《と》ぶ敵《てき》のワシやタカから身《み》を守《まも》るため、自《じ》分《ぶん》のからだが目《め》立《だ》たないように色《いろ》を変《か》えているのではないかと、いわれています。

⬆はばたくときれいな朱鷺《とき》色《いろ》（淡《あわ》いオレンジ色《いろ》）の羽《はね》がよくわかるよ。

⬆夏《なつ》の羽《はね》と冬《ふゆ》の羽《はね》では色《いろ》がこんなにちがうよ。

中国《ちゅうごく》で野生《やせい》のトキが生《い》き残《のこ》ったワケ

野生《やせい》のトキは、日本《にほん》では一時《いちじ》、絶滅《ぜつめつ》しましたが、中国《ちゅうごく》ではずっと生息《せいそく》してきました。それには大《おお》きく4つの理由《りゆう》が考《かんが》えられています。「巣《す》づくりできる大《おお》きな木《き》がある」「獲物《えもの》をとれる田《た》んぼがある」「地域《ちいき》の人《ひと》がトキを大切《たいせつ》にしようとする思《おも》いが強《つよ》い」「秋《あき》に稲刈《いねか》りして田《た》んぼに虫《むし》がいなくなったあとも、群《む》れることができる水辺《みずべ》がある」などです。

田《た》んぼで農薬《のうやく》を使《つか》うと、虫《むし》たちがいなくなってしまい、トキは食《た》べるものがなくなってしまいます。だからトキの近《ちか》くで暮《く》らす人《ひと》たちは農薬《のうやく》を使《つか》わないそうです。また、トキが子育《こそだ》てしているときは、みんなで巣《す》を見守《みまも》ります。

⬆トキは直径《ちょっけい》1mほどの大《おお》きな巣《す》でヒナを育《そだ》てるよ。

⬇トキの食《た》べものは、田《た》んぼにいる虫《むし》やドジョウなど。人《ひと》が近《ちか》くにいても平気《へいき》だよ。

⬅おとなの顔《かお》は赤《あか》いけれど、子《こ》どもは黄色《きいろ》いよ。

【ミニデータ】撮影場所《さつえいばしょ》：中国陝西省洋県《ちゅうごくせんせいしょうようけん》。「トキ 人《ひと》とともに生《い》きる」

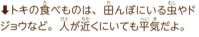

大胆不敵《だいたんふてき》！ 戦《たたか》うシマウマ

シマウマ VS ライオン

シマウマの群《む》れにおそいかかるライオン！ 1頭《とう》の若《わか》いシマウマの背中《せなか》に飛《と》びつきました。絶体《ぜったい》絶命《ぜつめい》のピンチに、シマウマはおどろきの奇策《きさく》で対抗《たいこう》します。

ケニアとタンザニアにまたがる大平原《だいへいげん》をかけめぐるシマウマたち。生《い》き残《のこ》りをかけ、大胆不敵《だいたんふてき》なバトルにいどみます！

アフリカ大陸《たいりく》
ケニア
タンザニア
マサイマラ
セレンゲティ

⬆ケニアのマサイマラ国立保護区《こくりつほごく》とタンザニアのセレンゲティ国立公園《こくりつこうえん》では、年《ねん》2回《かい》、草食動物《そうしょくどうぶつ》が大移動《だいいどう》をくりかえす。

サバンナシマウマ
Equus quagga

体長《たいちょう》：2.2～2.5m／体高《たいこう》：1～1.3m／体重《たいじゅう》：175～322kg／食《た》べもの：おもにイネのなかまの草《くさ》。／特徴《とくちょう》：白《しろ》と黒《くろ》のしまもようをもつ。家族《かぞく》単位《たんい》の群《む》れをつくる。

草《くさ》を求《もと》めて大移動《だいいどう》

12月《がつ》、タンザニアのセレンゲティに雨季《うき》がやってきました。ケニア側《がわ》のマサイマラから、ヌーやシマウマの大群《たいぐん》がやってきます。その道《みち》のりは700〜800㎞。こんな長距離《ちょうきょり》を移動《いどう》するのは、セレンゲティの草《くさ》が赤《あか》ちゃんにいいからだと考《かんが》えられています。大昔《おおむかし》に、近《ちか》くの火山《かざん》が噴火《ふんか》し、ふり積《つ》もった火山灰《かざんばい》のおかげで、セレンゲティの土《つち》は、ミネラルという栄養分《えいようぶん》が豊富《ほうふ》なのです。

その道中《どうちゅう》では、ライオンやワニがどこで待《ま》ちぶせているかわかりません。セレンゲティに着《つ》いてからも、生《う》まれたばかりの赤《あか》ちゃんをねらう肉食動物《にくしょくどうぶつ》もいます。それでも、シマウマとヌーの群《む》れは、セレンゲティめざし、やってくるのです。

⬆大移動《だいいどう》をするのは、ヌーがおよそ100万頭《まんとう》、シマウマは20万頭《まんとう》ほど。

\\知《し》ってる?// 家族群《かぞくむ》れと独身群《どくしんむ》れ

大移動《だいいどう》のときは、約《やく》1万頭《まんとう》ずつの大群《たいぐん》をつくって移動《いどう》するシマウマですが、ふだんは、小《ちい》さな群《む》れで暮《く》らしています。この小《ちい》さな群《む》れには2種類《しゅるい》あって、1頭《とう》のオスを中心《ちゅうしん》に、数《すう》頭《とう》のメスとその子《こ》どもたちがメンバーの「家族群《かぞくむ》れ」と、独身《どくしん》のオスだけの「独身群《どくしんむ》れ」です。独身《どくしん》群《む》れでは、まだ家族《かぞく》をもたない若《わか》いオスや、家族《かぞく》を手放《てばな》した年老《としお》いたオスがいっしょに暮《く》らします。

大《おお》きな群《む》れのようだが、色《いろ》わけすると5〜10頭《とう》の小《ちい》さな群《む》れの集《あつ》まりとわかる。

⬅逃《に》げ遅《おく》れた1頭《とう》にかみつくライオン。ところが、シマウマが底力《そこぢから》を見《み》せ、ライオンをおぼれさせようとした。

⬆水《みず》の中《なか》にかくれていたワニ（⬆）。水中《すいちゅう》に引《ひ》きこまれたら、おわりだ。

水場《みずば》のバトル！

シマウマは乾《かわ》きに弱《よわ》く、1日《にち》に1回《かい》は、必《かなら》ず水《みず》を飲《の》まなければなりません。水場《みずば》は、肉《にく》食動物《しょくどうぶつ》にとって、うってつけの待《ま》ちぶせ場所《ばしょ》です。

群《む》れで水場《みずば》におりてきたシマウマ。あたりに生《い》きものは見当《みあ》たりません。安心《あんしん》して水《みず》を飲《の》んでいると、水《みず》の中《なか》からワニが！ とっさに首《くび》をふり上《あ》げ、逃《に》げ出《だ》すことができました。

またべつの水場《みずば》では、ライオンがやぶにひそんでいました。水《みず》につかって一息《ひといき》ついていたシマウマに、すかさずとびかかります。首《くび》にかみつき、しとめたかに見《み》えたとき、シマウマが反撃《はんげき》！ ライオンをおしたおしました。とうとうライオンをふりきり、脱出《だっしゅつ》に成功《せいこう》。みごとに切《き》りかえしたシマウマの勝利《しょうり》です！

セレンゲティに到着《とうちゃく》

長旅《ながたび》は、どこにいても危険《きけん》ととなりあわせです。いつでも肉食動物《にくしょくどうぶつ》から逃《に》げられるとはかぎりません。群《む》れからはぐれた1頭《とう》が、とうとうライオンにつかまってしまいました。このシマウマは不運《ふうん》でしたが、ライオンも生《い》きるため、ほかの動物《どうぶつ》をつかまえなければなりません。これも自然《しぜん》のおきて、しかたがないことです。

⬆ライオンにつかまったシマウマ。

マサイマラを出発《しゅっぱつ》してから1か月《げつ》以上《いじょう》。数々《かずかず》の困難《こんなん》をこえて、ヌーとシマウマの群《む》れは、ようやくセレンゲティに到着《とうちゃく》します。

知《し》ってる? 草食動物《そうしょくどうぶつ》なのに犬歯《けんし》がある!?

サバンナシマウマのオスには、前歯《まえば》にとがった歯《は》「犬歯《けんし》」があります。犬歯《けんし》には、獲物《えもの》をしとめたり、肉《にく》を切《き》りさいたりする働《はたら》きがあります。シマウマは肉食《にくしょく》ではありませんが、家族群《かぞくむ》れを、ライバルのほかのオスから守《まも》らなければならないため、犬歯《けんし》が発達《はったつ》したと考《かんが》えられます。

メス（左《ひだり》）とオス（右《みぎ》）の歯《は》。オスには犬歯《けんし》がある（⬇）。

ライオンもたじたじ!? シマウマの攻撃《こうげき》

セレンゲティにたどりつくと、数日《すうじつ》のうちに、シマウマの大群《たいぐん》は家族群《かぞくむ》れと独身群《どくしんむ》れの小《ちい》さな群《む》れにわかれます。家族群《かぞくむ》れの家族《かぞく》はいつもいっしょに行動《こうどう》してなかよく見《み》えますが、独身群《どくしんむ》れの若《わか》いオスたちは、しょっちゅうけんかをしています。相手《あいて》の首《くび》や足《あし》にかみついたり、ひざをついたところをおしたおしたり、後《うし》ろ足《あし》でけり上《あ》げたり……はげしく組《く》みあいます。けがでもしないか心配《しんぱい》になりますが、このけんかの中《なか》でとび出《だ》す技《わざ》が自分《じぶん》の身《み》を助《たす》けることもあるようです。

水場《みずば》からもどってくるシマウマの群《む》れ。草《くさ》むらで待《ま》ちぶせるライオンに、気《き》づいていないようです。静《しず》かにタイミングを計《はか》るライオン。一気《いっき》にかけより、1頭《とう》に追《お》いつきました。するどい爪《つめ》が背中《せなか》にかかり……あ、シマウマ

⬆相手《あいて》の足《あし》にかみついて、おしたおしたり（右）、後《うし》ろげりを見《み》舞《ま》ったり（左《ひだり》）と、多彩《たさい》な技《わざ》。

⬆草《くさ》むらで待《ま》ちぶせするライオン。

の後《うし》ろ足《あし》がライオンの腹《はら》をけり上《あ》げ、ふるい落《お》としました！　シマウマの後《うし》ろげりには、ライオンもたじたじです。その威力《いりょく》は、けられたライオンが死《し》ぬこともあるほど。逃《に》げるばかりかと思《おも》っていたシマウマに、こんなに強力《きょうりょく》な武器《ぶき》があったとは、おどろきですね。

エイッ
ライオンにねらわれるシマウマ

シマウマ、後《うし》ろげりだ!

ドスッ
右《みぎ》足《あし》が、腹《はら》にヒット!

ライオン、たまらずダウン!

若《わか》いオス、けんかのわけ

雨季《うき》のあいだ、多《おお》くの家族群《かぞくむ》れで赤《あか》ちゃんが誕生《たんじょう》します。赤《あか》ちゃんはいつもお母《かあ》さんといっしょ。ぴったりよりそっています。肉食動物《にくしょくどうぶつ》が、小《ちい》さな赤《あか》ちゃんをねらってやってくるからです。

チーターが現《あらわ》れました。家族群《かぞくむ》れは子《こ》どもをかばって、チーターから遠《とお》ざかりますが、独身群《どくしんむ》れの若《わか》いオスたちは、チーターに近《ちか》よります。1頭《とう》が走《はし》り出《だ》しました。そして、チーターを追《お》いまわし、群《む》れから遠《とお》ざけました。

なかまとけんかをくりかえすことで、ものすごいパワーと技《わざ》を身《み》につけた若《わか》いオス。じつはけんかをするのには、わけがあります。いずれ自分《じぶん》の家族群《かぞくむ》れをもつために、若《わか》いオスどうし、戦《たたか》いの特訓《とっくん》をしているのです。家族群《かぞくむ》れをもつには、家族群《かぞくむ》れをもつオスに戦《たたか》いをいどんで勝《か》ちとるか、家族《かぞく》群《む》れにいるまだ独身《どくしん》のメスと結婚《けっこん》して新《あたら》しい家族群《かぞくむ》れをつくるしかありません。

ある日《ひ》、草《くさ》を食《た》べる若《わか》いメスに、若《わか》いオスが近《ちか》づきました。ところがメスは逃《に》げだします。追《お》いかけていくと、後《うし》ろげりを受《う》けてしまいました。嫌《きら》われてしまったようです。

こちらでは、「むすめはわたさん!」とばかりに、メスのお父《とう》

➡生《う》まれたばかりの赤《あか》ちゃんシマウマ。母親《ははおや》がぴったりそばによりそっている。

さんがわって入《はい》ります。ここで強《つよ》さを示《しめ》さなければ、メスに気《き》に入《い》られません。お父《とう》さんの首《くび》や足《あし》をねらって、体当《たいあ》たり。負《ま》けたら家族群《かぞくむ》れをうばわれてしまうので、お父《とう》さんだって負《ま》けられません。百戦錬磨《ひゃくせんれんま》のお父《とう》さんが、おしていきます。

と、そこへむすめが近《ちか》づきました。果敢《かかん》に戦《たたか》う、この若《わか》いオスが気《き》に入《い》ったようです。こうして、新《あたら》しい家族群《かぞくむ》れが誕生《たんじょう》しました。

意外《いがい》と気《き》のあらいシマウマ。大胆不敵《だいたんふてき》な行動《こうどう》は、群《む》れを守《まも》るという強《つよ》い使命感《しめいかん》の表《あらわ》れだったのです。

⬆チーターを追《お》いはらう若《わか》いオス。

⬆メスから後《うし》ろげりを受《う》けたオス。

⬆メスの父親《ちちおや》（左《ひだり》）に組《く》みつくオス（右《みぎ》）。

バトルはつづく……

自分《じぶん》の家族群《かぞくむ》れをもった若《わか》いオス。メスのお父《とお》さんとのバトルでは、勝《か》つ必要《ひつよう》はありませんでしたが、若《わか》いメスを得《え》て、これからは勝《か》ちつづけなければ、家族群《かぞくむ》れを守《まも》れません。けんかできたえたパワーで、ライオンなどの肉食動物《にくしょくどうぶつ》からも、ライバルのオスからも、だいじな家族《かぞく》を守《まも》っていくことでしょう。

QUESTION 07

ベローシファカはなぜ、トゲだらけの木《き》が平気《へいき》なの？

⬆原始《げんし》のサルともいわれるベローシファカ。
群《む》れをつくって乾燥《かんそう》地帯《ちたい》で暮《く》らしているよ。

1 足《あし》の裏《うら》にトゲがはえているので痛《いた》くない

2 足《あし》の裏《うら》の肉球《にくきゅう》が厚《あつ》い

3 ふさふさのしっぽだけで移動《いどう》するから

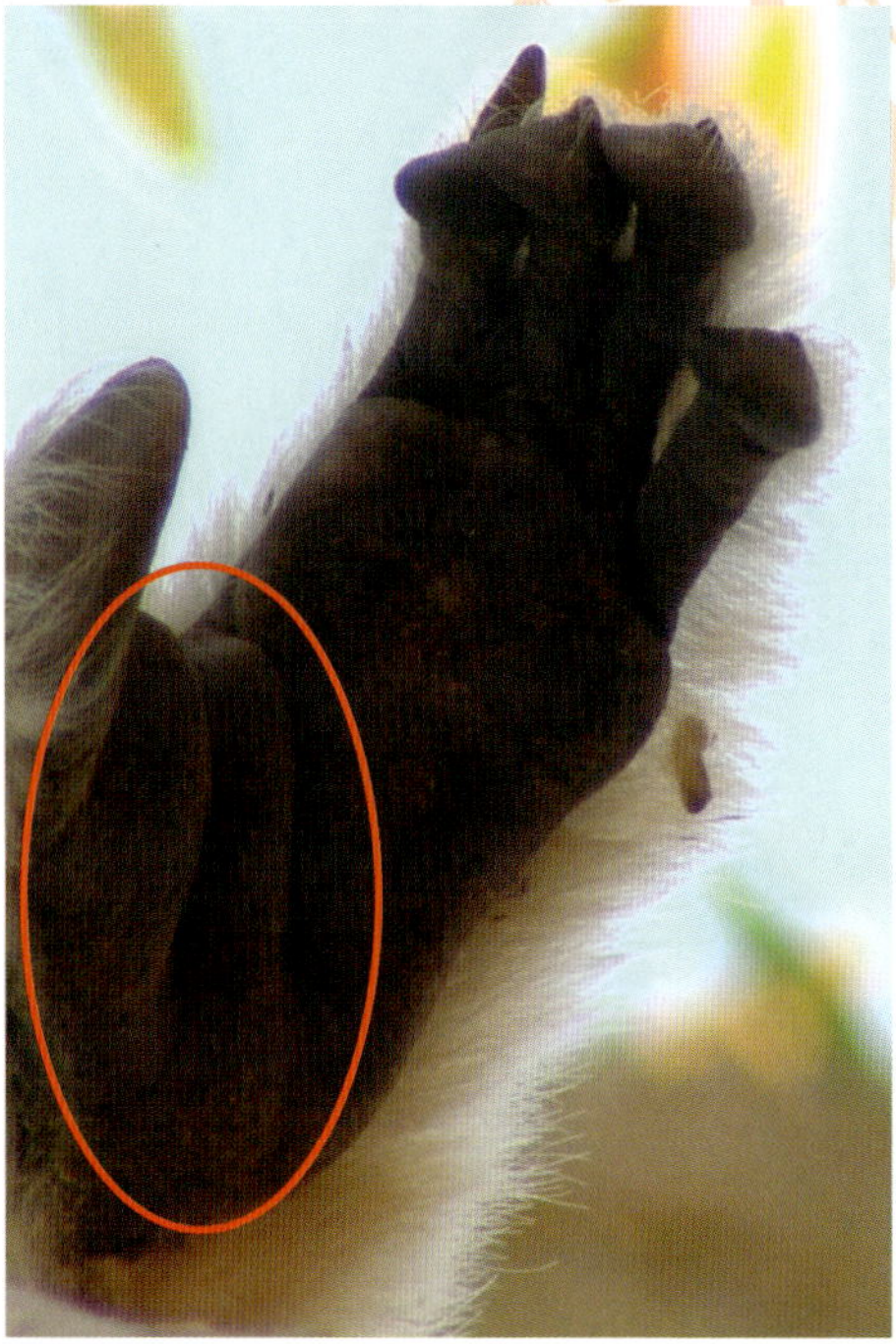

⬆シファカの足《あし》の裏《うら》。肉球《にくきゅう》はサルのなかまでも皮膚《ひふ》が厚《あつ》いほうだよ。

⬅トゲトゲの木《き》をジャンプで移《い》動《どう》。空中《くうちゅう》で2本《ほん》の足《あし》を前《まえ》に突《つ》きだすようにして着地《ちゃくち》!

QUESTION 07

答《こた》え

❷ 厚《あつ》い肉球《にくきゅう》はトゲがささってもだいじょうぶ

トゲを気《き》にせず食《た》べたり歩《ある》いたりジャンプも

マダガスカルにはトゲのある植物《しょくぶつ》が多《おお》い森《もり》で暮《く》らすベローシファカがいます。シファカの足《あし》の裏《うら》の肉球《にくきゅう》は皮膚《ひふ》が厚《あつ》く、トゲが深《ふか》くささりません。親指《おやゆび》がほかの指《ゆび》より太《ふと》く、幹《みき》をしっかりつかむことができます。

木《き》から木《き》へジャンプするときは、肉球《にくきゅう》の厚《あつ》い2本《ほん》の足《あし》だけで着地《ちゃくち》します。3・5kgの体重《たいじゅう》がかかっても、がんじょうな足《あし》の裏《うら》で衝撃《しょうげき》を受《う》けとめます。

地上《ちじょう》でも横跳《よこと》びと正面跳《しょうめんと》びのジャンプで移動《いどう》

森《もり》には木《き》と木《き》の間《あいだ》が離《はな》れていてジャンプでは移動《いどう》できないところがあります。そんなときは地上《ちじょう》に降《お》ります。移動手段《いどうしゅだん》は歩《ある》くのではなく、ジャンプ。そのとき2本足《ほんあし》だけを使《つか》います。

ジャンプには横跳《よこと》びと正面跳《しょうめんと》びの2種類《しゅるい》を使《つか》い分《わ》けています。

ふつうの移動《いどう》には疲《つか》れない横跳《よこと》び。横跳《よこと》びは片足《かたあし》だけを強《つよ》くけって跳《と》ぶので、反対《はんたい》の足《あし》は休《やす》むことができ、足《あし》を交互《こうご》に変《か》えれば跳《と》び続《つづ》けることができます。

天敵《てんてき》に出会《であ》うなどの緊急時《きんきゅうじ》には正面跳《しょうめんと》び。両足《りょうあし》で踏《ふ》みこむのでパワーを使《つか》いますが、横跳《よこと》びより遠《とお》くに跳《と》べて速《はや》く逃《に》げることができます。

横跳《よこと》び

正面跳《しょうめんと》び

↑横跳《よこと》びと正面跳《しょうめんと》びでは跳《と》べる距離《きょり》がちがうんだ。

からだを広《ひろ》げて太陽《たいよう》の熱《ねつ》を受《う》けとめているよ。　寒《さむ》い冬《ふゆ》の朝《あさ》は体温《たいおん》を上《あ》げることからスタート。

トゲの森《もり》のほうがのんびり暮《く》らせる？

マダガスカルの乾燥地帯《かんそうちたい》の川《かわ》のまわりにはトゲが少《すく》なく、食《た》べものが豊富《ほうふ》な森《もり》もあり、そこで暮《く》らすシファカもいます。でもそんな森《もり》は食《た》べものをめぐる争《あらそ》いがつきものです。

トゲのある森《もり》は、食《た》べものが少《すく》ない分《ぶん》、争《あらそ》いがありません。のんびり暮《く》らせるトゲの森《もり》は、意外《いがい》とすみ心地《ごこち》はよいのかもしれません。

つぼみを食《た》べるシファカ。つぼみは葉《は》にはない栄養《えいよう》があるから、鋭《するど》いトゲがあってもなんとか食《た》べるよ。

トゲの森《もり》には
トゲトゲしい争《あらそ》いは
ないんですな

【ミニデータ】撮影場所《さつえいばしょ》：マダガスカル。「原始《げんし》のサル　トゲの森《もり》を横《よこ》っ跳《と》び」

QUESTION 08

世《せ》界《かい》一《いち》大《おお》きいカブトムシ、ヘラクレス。からだの色《いろ》が黄《き》色《いろ》いのはなぜ?

⬆日本《にほん》のカブトムシの2倍《ばい》以《い》上《じょう》の大《おお》きさのヘラクレス。長《なが》く伸《の》びた鋭《するど》い角《つの》。

1 黄色《きいろ》い葉《は》の樹液《じゅえき》を食《た》べているから

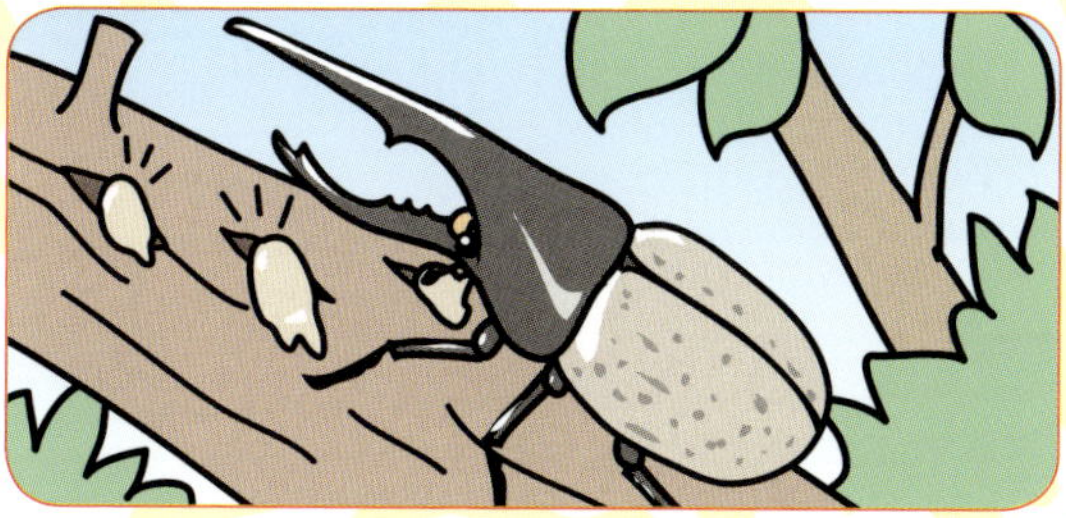

2 すんでいるところに合《あ》わせるため

3 からだが大《おお》きいので色《いろ》が薄《うす》くなった

濃《こ》い霧《きり》が発生《はっせい》する南《みなみ》アメリカ独自《どくじ》の“雲霧《うんむ》林《りん》”に生息《せいそく》するヘラクレス。昼間《ひるま》から樹木《じゅもく》の表面《ひょうめん》を歩《ある》いている姿《すがた》が見《み》られる。

➡夜《よる》になると黄色《きいろ》から黒《くろ》へからだの色《いろ》が変《か》わっていく。

⬇メスは体長約《たいちょうやく》7cm。オスより小《ちい》さいね。

南《みなみ》アメリカのジャングルの生《い》きものは未知《みち》のことが数多《かずおお》くある。ヘラクレスも謎《なぞ》だらけだよ!

QUESTION 08 答《こた》え

② まわりに合《あ》わせてからだの色《いろ》が変《か》わる!

昼間《ひるま》から行動《こうどう》するから木《き》と同《おな》じ色《いろ》に変化《へんか》するんだ!

大型《おおがた》のカブトムシが多《おお》い南《みなみ》アメリカでも、ヘラクレスはオスの体長《たいちょう》が15~18㎝と、ひときわ大《おお》きなからだをもちます。長《なが》い角《つの》や大《おお》きさだけでなく、黒《くろ》が主流《しゅりゅう》のカブトムシの中《なか》で、からだの色《いろ》が、黄色《きいろ》っぽいのが特《とく》徴《ちょう》です。ヘラクレスは通常《つうじょう》のカブトムシのように夜行《やこう》性《せい》ではなく、昼間《ひるま》から行動《こうどう》するため、木《き》の幹《みき》に合《あ》わせて黄色《きいろ》っぽい色《いろ》になっているのです。

羽《はね》の表面《ひょうめん》を見《み》ると細《こま》かい穴《あな》がたくさんあいていて、この穴《あな》から水分《すいぶん》を吸《す》うと黒《くろ》く変化《へんか》するようになっています。湿気《しっけ》の多《おお》くなる夜《よる》にはみるみる黒《くろ》くなって、暗《くら》闇《やみ》にとけこみ、日《ひ》が当《あ》たるとまた黄色《きいろ》にもどるという不思議《ふしぎ》なしくみをもっていることがわかりました。

⬆口《くち》の上《うえ》のヘラで木《き》の皮《かわ》を盛《も》り上《あ》げ、かたいアゴでかんでやわらかくする。

木《き》の皮《かわ》を削《けず》れるほど力持《ちからも》ち！

ヘラクレスはコルカという種類《しゅるい》の木《き》の上《うえ》でしきりに頭《あたま》を動《うご》かして、樹皮《じゅひ》を削《けず》ります。日本《にほん》のカブトムシも樹液《じゅえき》を食《た》べものとしていますが、それはカミキリムシなど、別《べつ》の生《い》きものがつけたキズからでたものなのです。ですからヘラクレスは自分《じぶん》の力《ちから》で木《き》を削《けず》れるほど力持《ちからも》ちというわけです。

⬆同《おな》じ大型《おおがた》のカブトムシ、ネプチューンとのケンカでも力《ちから》自慢《じまん》を発揮《はっき》。

びっしり毛《け》の生《は》えた大《おお》きな角《つの》はまさに王者《おうじゃ》の風格《ふうかく》だな

【ミニデータ】撮影場所《さつえいばしょ》：エクアドルのアンデス山脈《さんみゃく》。「カブトムシの王者《おうじゃ》! ヘラクレス」

QUESTION 09

タテガミヤマアラシの毛《け》のすごいところはどれ?

⬆タテガミヤマアラシはネズミのなかま。
からだの大《おお》きさはシバイヌくらいだよ。

1 アルミ缶《かん》を通《とお》すくらいかたい

2 矢《や》のように飛《と》んでもどってくる

3 食《た》べものがないときに非常食《ひじょうしょく》になる

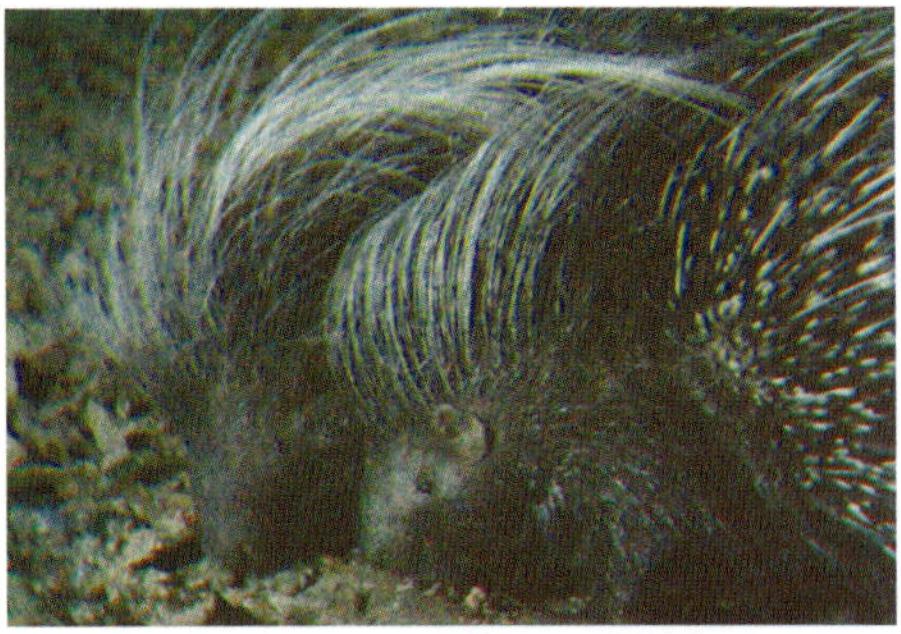

↑タテガミヤマアラシの親子《おやこ》。夜行性《やこうせい》で、おもに木《き》の実《み》や球根《きゅうこん》などを食《た》べるよ。

↑針《はり》のような毛《け》は背中《せなか》の3分《ぶん》の2くらいに生《は》えているよ。頭《あたま》の毛《け》はやわらかいんだ。

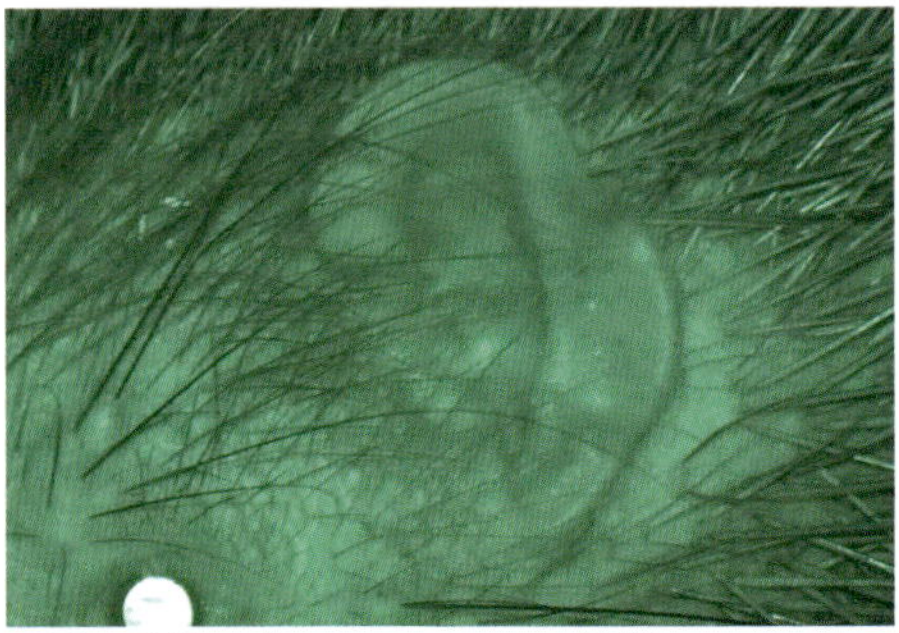

↑耳《みみ》は人間《にんげん》に似《に》ているね。でも人間《にんげん》よりよく聞《き》こえるんだって。

↑かたい毛《け》の根元《ねもと》の太《ふと》さは5mm、1本《ぽん》が40cmくらい。アルミ缶《かん》を貫通《かんつう》!

QUESTION 09

答《こた》え

① 針《はり》のようなかたい毛《け》で敵《てき》に突進《とっしん》する

タテガミヤマアラシは、敵《てき》に出会《であ》うと、針《はり》のような毛《け》を逆立《さかだ》ててからだを大《おお》きく見《み》せます。おしり近《ちか》くの空洞《くうどう》になった毛《け》で「ガラガラ」と大《おお》きな音《おと》を立《た》てたり、後《うし》ろ足《あし》を踏《ふ》みならして音《おと》を出《だ》すなど、いろいろなワザを使《つか》って、ハイエナなどの肉食獣《にくしょくじゅう》も追《お》いはらうことがあります。

針《はり》のような毛《け》は、一度《いちど》刺《さ》さると抜《ぬ》けにくく、破片《はへん》が敵《てき》の体内《たいない》に残《のこ》ると化《か》のうしたり、死《し》んでしまうこともあるそうです。

ヤマアラシの弱点《じゃくてん》は頭《あたま》のほうに生《は》えている毛《け》。やわらかいため、正面《しょうめん》から襲《おそ》われると危険《きけん》なので、敵《てき》には背《せ》を向《む》けて動《うご》きます。

【ミニデータ】撮影場所《さつえいばしょ》：アフリカ東部《とうぶ》　サバンナ。「シリーズ　アフリカの珍獣《ちんじゅう》①剣山《けんざん》!ヤマアラシ」

QUESTION 10

アメリカ北《ほく》東《とう》部《ぶ》に見《み》られる17年《ねん》ゼミの〝17年《ねん》〟とはどんな意《い》味《み》?

⬆ミンミンゼミと同《おな》じくらいの大《おお》きさの17年《ねん》ゼミ。

1 17年《ねん》に1度《ど》姿《すがた》を現《あらわ》す

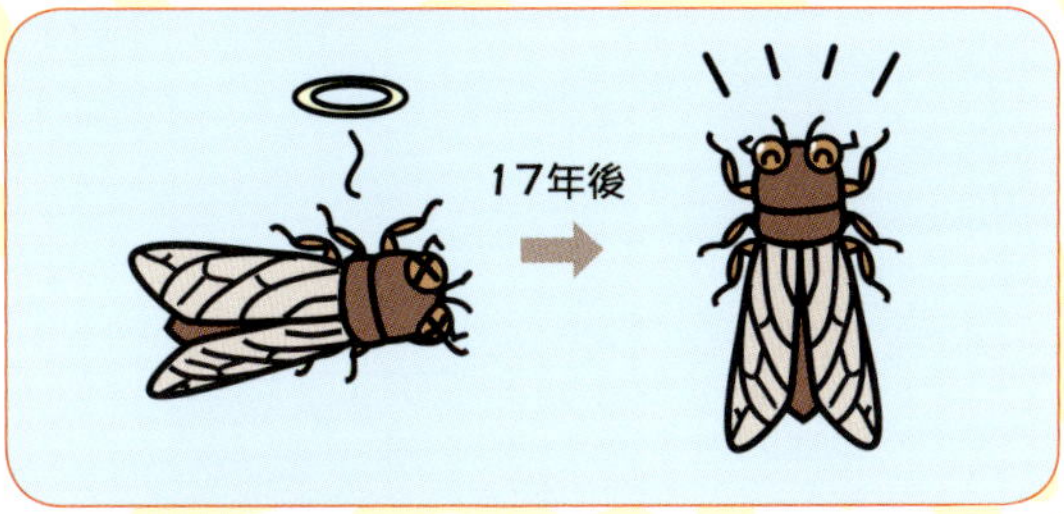
17年後

2 1917年《ねん》に発《はっ》見《けん》された

Many cicadas were discovered in 1917.

3 鳴《な》き声《ごえ》が「17年《ねん》」と聞《き》こえる

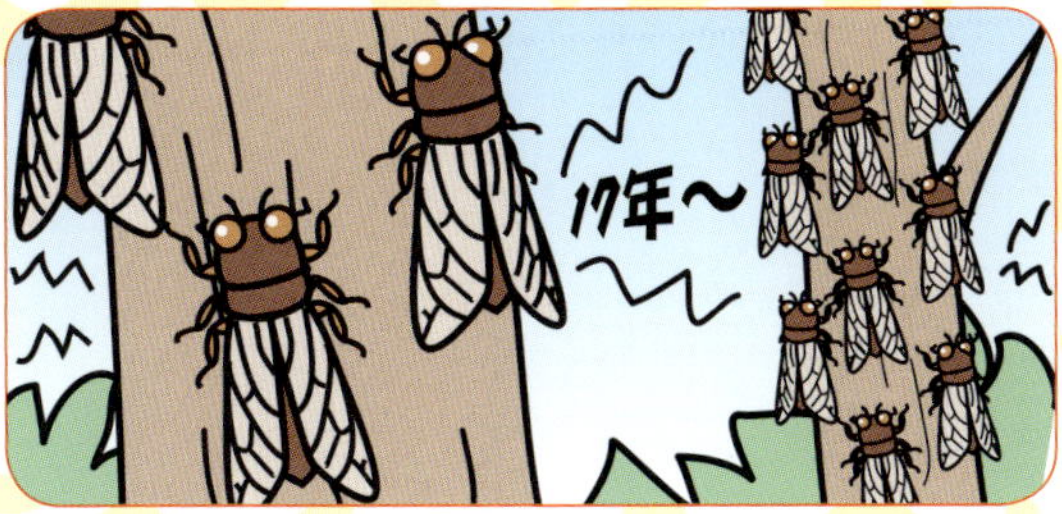
17年〜

QUESTION 10 答《こた》え

1 日本《にほん》とちがいセミの発生《はっせい》は17年《ねん》に1度《ど》！

17年《ねん》ぶりに見《み》られるセミの大繁殖《だいはんしょく》。その数《かず》はなんと70億匹《おくひき》！

アメリカ北東部《ほくとうぶ》のシカゴでは、17年《ねん》に1度《ど》、セミの大《だい》発生《はっせい》があります。毎年夏《まいとしなつ》になるとセミが鳴《な》く日本《にほん》とちがって、アメリカではセミは限《かぎ》られた場所《ばしょ》にだけ、しかも長《なが》い年月《ねんげつ》をかけて現《あらわ》れるものなので、セミを知《し》らない人《ひと》もいるそうです。

5月《がつ》の雨《あめ》あがりのある日《ひ》。土《つち》の中《なか》から幼虫《ようちゅう》たちがはいだして、いっせいに大《おお》きな木《き》を目指《めざ》して歩《ある》きます。土《つち》からでると30分《ぷん》でひとりでに羽化《うか》がはじまるので、できるだけ高《たか》いところに登《のぼ》る必要《ひつよう》があるのです。翌朝《よくあさ》、セミはさらに高《たか》いところへ。太陽《たいよう》を浴《あ》びて羽《はね》を乾《かわ》かさないと飛《と》べないからです。飛《と》べるようになると、オスは鳴《な》きはじめます。メスを引《ひ》き寄《よ》せる恋《こい》の歌《うた》の大合唱《だいがっしょう》です。

↑羽化《うか》する瞬間《しゅんかん》、背中《せなか》を大《おお》きくそらせたポーズ。

↑幼虫《ようちゅう》たちがいっせいに外《そと》にでる。街《まち》全《ぜん》体《たい》で70億《おく》匹《ひき》にもおよぶので町《まち》はどこもセミだらけ。

↑羽《はね》のつけ根《ね》にある発《はつ》音《おん》器《き》。

こんなにたくさんのセミがいっきに鳴《な》きだしたらうるさくてかなわんな

↑木《き》の高《たか》いところで日《にっ》光《こう》浴《よく》をするんだ。

⬆枝《えだ》の上《うえ》で複数《ふくすう》のオス、メスが気《き》に入《い》った相手《あいて》をさがすさまはお見合《みあ》いのよう。

子孫《しそん》を残《のこ》したら命《いのち》果《は》てる!?

オスは木《き》の上《うえ》で気《き》に入《い》ったメスをさがし、羽《はね》をふるわせて愛《あい》の音《おと》を送《おく》ります。メスも羽《はね》をふってこたえ、夫婦《ふうふ》となります。交尾《こうび》が終《お》わって1時《じ》間《かん》後《ご》、高《たか》い木《き》の枝《えだ》におなかから細《ほそ》い針《はり》をだして卵《たまご》を産《う》みつけます。10個《こ》ずつ等《とう》間隔《かんかく》に10か所《しょ》。卵《たまご》を産《う》むと命《いのち》を終《お》えます。地《ち》上《じょう》での生活《せいかつ》はわずか10日《か》間《かん》ほどです。

⬆卵《たまご》からふ化《か》した幼虫《ようちゅう》は土《つち》にもぐり17年《ねん》の眠《ねむ》りにつく。

17年《ねん》ゼミのほか
13年《ねん》ゼミも
いるそうだ

【ミニデータ】撮影場所《さつえいばしょ》：アメリカ・シカゴ。「17年《ねん》に一度《いちど》! セミが街《まち》を襲《おそ》う」

QUESTION 11

アライグマのなかまのキンカジュー、長《なが》い舌《した》はどんなときに便利《べんり》?

⬆大《おお》きさはネコくらい。30mもある高《たか》い木《き》の上《うえ》で暮《く》らすよ。

1 敵《てき》をおどかすとき

2 花《はな》の蜜《みつ》を飲《の》むとき

3 舌《した》に虫《むし》を巻《ま》きつけてとるとき

↑顔《かお》についているのはバルサの花《はな》の花粉《かふん》。これで受粉《じゅふん》のお手伝《てつだ》い!

QUESTION 11 答《こた》え

❷ 花《はな》の底《そこ》にたまった蜜《みつ》を飲《の》むときに便利《べんり》

中米《ちゅうべい》パナマの熱帯雨林《ねったいうりん》で暮《く》らすキンカジューは、食《た》べものの9割以上《わりいじょう》があまい果実《かじつ》。でも雨《あめ》が降《ふ》らない乾季《かんき》には果実《かじつ》が実《みの》らなくなります。そんなときの食《た》べものが、バルサの花《はな》の蜜《みつ》。バルサの花《はな》の咲《さ》く時期《じき》は12月《がつ》から1月《がつ》にかけて。ちょうど果実《かじつ》が少《すく》なくなるときの大事《だいじ》な食《た》べものです。

バルサの花《はな》は、高《たか》さ20㎝ほどあり、蜜《みつ》は底《そこ》にたまります。花《はな》に顔《かお》を入《い》れても、おしべやがくがじゃまをして、底《そこ》まで届《とど》きません。そんなときに15㎝ほどある長《なが》い舌《した》が活躍《かつやく》。花《はな》の奥《おく》にある蜜《みつ》を長《なが》い舌《した》でなめます。一晩《ひとばん》で花《はな》がしおれてしまうバルサの木《き》にとって、キンカジューはありがたい存在《そんざい》。蜜《みつ》を飲《の》むときにキンカジューが花粉《かふん》をつけたまま花《はな》から花《はな》へ移動《いどう》することで、受粉《じゅふん》の手伝《てつだ》いをしてくれるからです。

⬆バルサの花《はな》の中《なか》に顔《かお》を入《い》れて、長《なが》い舌《した》を使《つか》って蜜《みつ》を飲《の》むよ。

⬆ながーい舌《した》でらくらく蜜《みつ》をいただき!　このとき顔《かお》に花粉《かふん》がつくよ。

⬆バルサの花《はな》は直径《ちょっけい》10㎝、高《たか》さ20㎝。もし長《なが》い舌《した》がないと、おしべやがくが邪魔《じゃま》になって蜜《みつ》に届《とど》かない!

キンカジューって漢字《かんじ》で書《か》くと金貨獣《きんかじゅう》?金果汁《きんかじゅう》?いいえ、日本語《にほんご》ではなく、英語《えいご》Kinkajouなんです!

➡しっぽを枝《えだ》に巻《ま》きつけて、高《たか》い木《き》の上《うえ》でも2本脚《ほんあし》で立《た》ち上《あ》がれるんだ。

【ミニデータ】撮影場所《さつえいばしょ》：パナマ。「珍獣《ちんじゅう》がベェ〜！キンカジュー」

第2章

ビックリ！ツノゼミのスゴイ適《てき》応《おう》力《りょく》

QUESTION 12

竜《りゅう》に似《に》た生《い》きもの、シードラゴンが写《しゃ》真《しん》の中《なか》にいるよ。どこかな？

⬆シードラゴンは、英語《えいご》で「海《うみ》の竜《りゅう》」という意味《いみ》。これはリーフィー・シードラゴンという種類《しゅるい》だよ。このシードラゴンをさがそう。

QUESTION 12

答《こた》え

海藻《かいそう》そっくりだね！

海藻《かいそう》そっくりになって 敵《てき》から身《み》を守《まも》ったり、獲物《えもの》をとる

リーフィー・シードラゴンは、タツノオトシゴに近《ちか》い種類《しゅるい》で、魚《さかな》のなかまです。ふつうの魚《さかな》のように尾《お》びれはありませんが、頭《あたま》の後《うし》ろに胸《むな》びれ、背中《せなか》には背《せ》びれがついています。

海藻《かいそう》のようにヒラヒラしているところは「皮弁《ひべん》」といって、皮膚《ひふ》の一部《いちぶ》が変化《へんか》したものです。

リーフィー・シードラゴンがすむ南《みなみ》オーストラリアの海《うみ》は、いくつもの海流《かいりゅう》がぶつかりあうところで、海藻《かいそう》の森《もり》が豊《ゆた》か。プランクトンなどの食《た》べものが多《おお》く、たくさんの生《い》きものが集《あつ》まるため、敵《てき》も多《おお》いのです。

⬆体長《たいちょう》は40cmくらい。ヒラヒラしている海藻《かいそう》のようなものが皮弁《ひべん》だよ。

リーフィー・シードラゴンは海藻《かいそう》とそっくりの姿《すがた》になることで、敵《てき》から身《み》を守《まも》るようになったといわれています。獲物《えもの》をとるときは、相手《あいて》に気《き》づかれずに近《ちか》づけて便利《べんり》です。

⬆これが皮弁《ひべん》。泳《およ》ぎの役《やく》には立《た》たないんだ。

⬆ストローのような口《くち》で獲物《えもの》を吸《す》いとるよ。

⬆小《ちい》さいながらも胸《むな》びれと背《せ》びれがある。胸《むな》びれで左右《さゆう》へ動《うご》き、背《せ》びれで前進《ぜんしん》するよ。

⬆卵《たまご》をからだにかかえたオス。卵《たまご》はかなり目立《めだ》つね。
⬅からだからトゲをだして、敵《てき》から卵《たまご》を守《まも》るよ。

卵《たまご》を守《まも》るのはお父《とう》さんの仕事《しごと》

リーフィー・シードラゴンのメスは、オスのからだに卵《たまご》を産《う》みつけます。卵《たまご》がかえるまでの2か月《げつ》くらいの間《あいだ》、卵《たまご》を守《まも》るのはオスの役目《やくめ》です。

卵《たまご》をからだにつけたオスは、卵《たまご》が目立《めだ》って敵《てき》に見《み》つかってしまうこともあります。からだにあるトゲで敵《てき》を追《お》い払《はら》ったり、卵《たまご》に海藻《かいそう》をつけてかくしたり、オスは一生懸命《いっしょうけんめい》に卵《たまご》を守《まも》ります。

⬆海藻《かいそう》をつけて、卵《たまご》をかくしているんだ。

⬆卵《たまご》からかえった赤《あか》ちゃん。3cmくらいだけれど、もうドラゴンの姿《すがた》をしているよ。

【ミニデータ】撮影場所《さつえいばしょ》：オーストラリア南《みなみ》の海《うみ》。「神秘《しんぴ》! 海《うみ》の森《もり》に舞《ま》うドラゴン」

QUESTION 13

この生《い》きものの正体《しょうたい》はなに？

⬆海《うみ》にいるよ!　さて、なんでしょう?

1 **花《はな》のなかま**

2 **イカのなかま**

3 **イソギンチャクのなかま**

⬆しのび歩《ある》きで、獲物《えもの》に近《ちか》づくよ。

⬆腕《うで》は8本《ほん》？

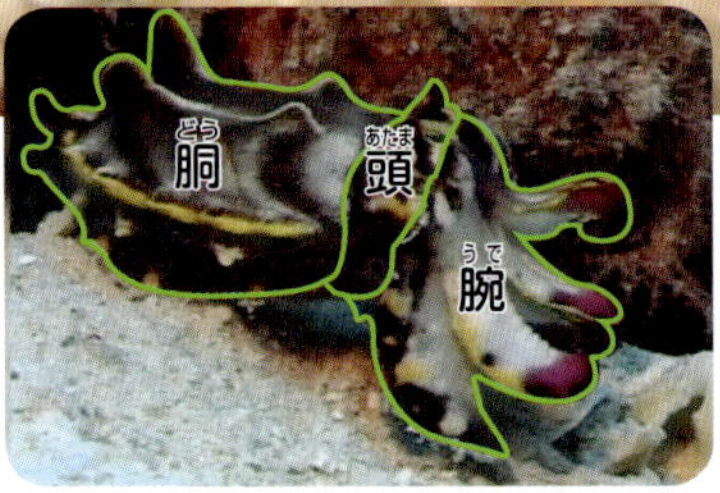

⬆体長《たいちょう》7㎝くらいのミナミハナイカ。ヒラヒラしているところが腕《うで》。

QUESTION 13

答《こた》え

② ハナイカという名前《なまえ》で、イカのなかま

イカなのに泳《およ》がない こっそり歩《ある》いて獲物《えもの》をさがす

ハナイカは、幅《はば》の広《ひろ》い2本《ほん》の腕《うで》と、胴体《どうたい》が変形《へんけい》した後《うし》ろ足《あし》のようなからだを使《つか》って、赤《あか》ちゃんがハイハイをするように歩《ある》いて、獲物《えもの》にしのびよってとります。

泳《およ》げないこともないのですが、ハナイカのすむ海《うみ》は見晴《みは》らしのよい砂地《すなち》。小《ちい》さなからだでふらふら泳《およ》いでいると、大《おお》きな魚《さかな》に食《た》べられてしまう危険《きけん》が高《たか》いのです。忍者《にんじゃ》のような歩《ある》きは、外敵《がいてき》にも獲物《えもの》にも見《み》つかりにくく泳《およ》ぐより得《とく》！　というわけです。

←触腕《しょくわん》を素早《すばや》く出《だ》して、エビをいただき!

狩《か》りは一瞬《いっしゅん》、超早《ちょうはや》ワザ!

ハナイカもほかのイカと同《おな》じように腕《うで》が10本《ぽん》ありますが、外《そと》からは8本《ぽん》しか見《み》えません。残《のこ》りの2本《ほん》はからだの中《なか》にしまってあり、狩《か》りのときに使《つか》います。この2本《ほん》の腕《うで》を「触腕《しょくわん》」といいます。透明《とうめい》で長《なが》さはからだの2倍《ばい》。先《さき》には吸盤《きゅうばん》があり、これで獲物《えもの》をとらえます。触腕《しょくわん》が獲物《えもの》をとらえるスピードは0・09秒《びょう》。獲物《えもの》は逃《に》げることができません。

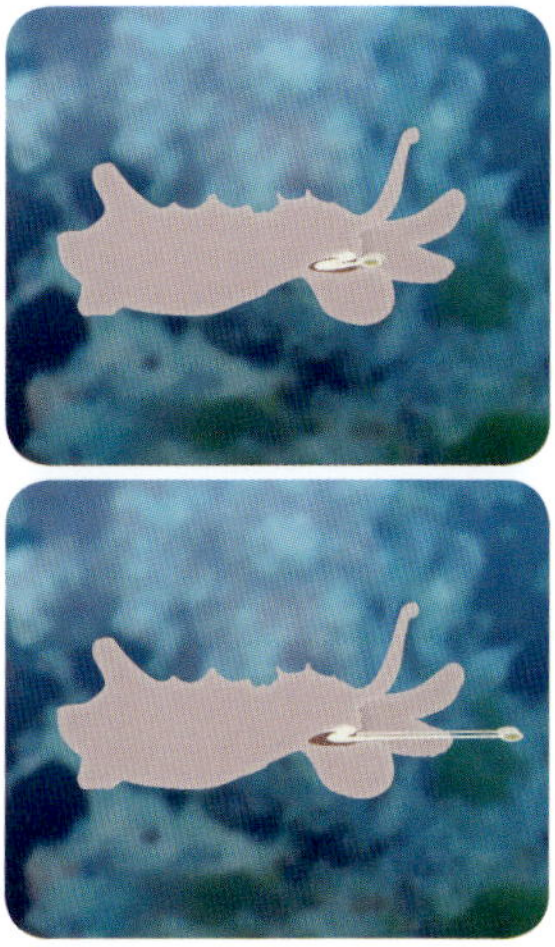

↑触腕《しょくわん》は、ふだんはからだの中《なか》にあって見《み》えないよ。

からだの色《いろ》を変《か》えて雲隠《くもがく》れ

獲物《えもの》を見《み》つけて興奮《こうふん》すると、からだの色《いろ》が派手《はで》になるハナイカ。あるとき獲物《えもの》を見《み》つけて、おなかがすいていたのか、泳《およ》いでとろうとしたことがありました。それを敵《てき》のシャコに見《み》つかり、危機一髪《ききいっぱつ》。ハナイカはからだを目立《めだ》たない白色《しろいろ》に変《か》えて、シャコから身《み》を守《まも》りました。

ハナイカの皮膚《ひふ》には「色素胞《しきそほう》」という小《ちい》さな色《いろ》の粒《つぶ》の細胞《さいぼう》があり、引《ひ》っぱられると、色《いろ》の粒《つぶ》が広《ひろ》がって皮膚《ひふ》に色《いろ》が現《あらわ》れ、小《ちい》さくなると、色《いろ》がなくなり白《しろ》くなるしくみになっています。

色《いろ》の粒《つぶ》は茶色《ちゃいろ》や赤《あか》や黄色《きいろ》などがあり、組《く》み合《あ》わせることでいろんな色《いろ》になり、派手《はで》な変身《へんしん》ができます。

【ミニデータ】撮影場所《さつえいばしょ》：マレーシア／和歌山県《わかやまけん》。「変幻自在《へんげんじざい》! 歩《ある》く忍者《にんじゃ》イカ」

QUESTION 14

この中《なか》にツノゼミという虫《むし》がいるのがわかるかな?

植物《しょくぶつ》のものまね王《おう》

←木《き》のトゲをまねるバラノトゲツノゼミ。体長《たいちょう》12mmくらい。集《あつ》まってならぶとトゲそっくり!

←葉脈《ようみゃく》をまねたツノゼミ。まだ日本語《にほんご》の名前《なまえ》がないんだ。細《こま》かいトゲともようで一列《いちれつ》にならぶと見分《みわ》けがつかないね!

←姿《すがた》も色《いろ》もコケそのもの。このツノゼミは専門家《せんもんか》でも見《み》つけるのがむずかしく、詳《くわ》しいことはわかっていないよ。

QUESTION 14

答《こた》え

植物《しょくぶつ》そっくりだね！

ものまねは身《み》を守《まも》るため！

ツノゼミのすむ森《もり》には鳥《とり》やトカゲ、虫《むし》など、ツノゼミを食《た》べる敵《てき》がたくさんいます。そんな敵《てき》から身《み》を守《まも》るため、ツノゼミは植物《しょくぶつ》やふん、アリやハチなどいろいろなものの形《かたち》や色《いろ》に姿《すがた》を似《に》せて、見分《みわ》けがつかないようにしています。

このものまねは、鳥《とり》やカマキリなど、動《うご》く獲物《えもの》を目《め》でさがす相手《あいて》には効果的《こうかてき》ですが、カメムシやハチのようなにおいも使《つか》って獲物《えもの》をさがす敵《てき》には見破《みやぶ》られてしまいます。そんな敵《てき》に見《み》つかったときは、飛《と》んで逃《に》げます。

意外《いがい》なものにも変身《へんしん》!

⬆攻撃中《こうげきちゅう》の本物《ほんもの》のアリ。

⬅アリがおしりから毒《どく》を出《だ》すときの姿《すがた》をまねるアリツノゼミ。角《つの》やあし、羽《はね》の一部《いちぶ》がアリにそっくりだね。

すごーい!
みんなそっくり
ですな

⬆虫《むし》のふんをまねるムシノフンツノゼミ。イモムシがふんを落《お》とす葉《は》の上《うえ》で見《み》られるよ。

水滴《すいてき》

⬆水滴《すいてき》をまねているといわれるツノゼミ。頭《あたま》を下《した》に向《む》けてとまっているよ。

角《つの》の形《かたち》がちがうだけ!

⬆バラノトゲツノゼミ

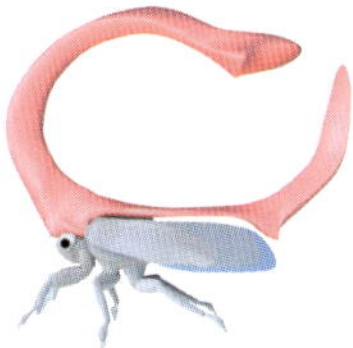

⬆ミカヅキツノゼミ

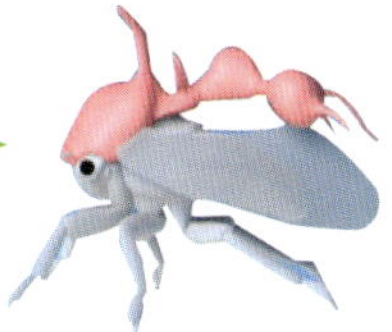

⬆アリツノゼミ

姿《すがた》や色《いろ》がちがってもツノゼミのなかま

登場《とうじょう》したツノゼミは、形《かたち》や色《いろ》がそれぞれまったくちがいますが、どれも「ツノゼミ科《か》」というグループのなかまです。角《つの》は、背中《せなか》の一部《いちぶ》が変化《へんか》してできたもので、種類《しゅるい》によって角《つの》の形《かたち》はちがいますが、羽《はね》やあしはほとんど同《おな》じです。

バラノトゲツノゼミの親《おや》と子《こ》どもたちに近《ちか》づいてくるゾウムシ。

子《こ》どもを守《まも》るツノゼミ

トゲにそっくりのバラノトゲツノゼミは、虫《むし》にはめずらしく子育《こそだ》てをします。枝《えだ》に産《う》みつけた卵《たまご》からかえった幼虫《ようちゅう》は、お母《かあ》さんのそばに集《あつ》まります。子《こ》どもはものまねができないので危険《きけん》がいっぱい。

お母《かあ》さんは、ゾウムシのあしをキックしたり、羽《は》ばたきでカメムシをおどかしたり、必死《ひっし》に子《こ》どもを守《まも》ります。子育《こそだ》てがすむと、親《おや》は４か月《げつ》あまりの寿命《じゅみょう》を終《お》えます。

脱皮《だっぴ》して成虫《せいちゅう》になったよ!

【ミニデータ】撮影場所《さつえいばしょ》：コスタリカ。「珍虫《ちんちゅう》ツノゼミ 百変化《ひゃくへんげ》!」

QUESTION 15

アジルテナガザルが歌《うた》うような声《こえ》で鳴《な》くワケは?

⬆インドネシアの熱帯雨林《ねったいうりん》にすむアジルテナガザル。

1 なわばりを主張《しゅちょう》する

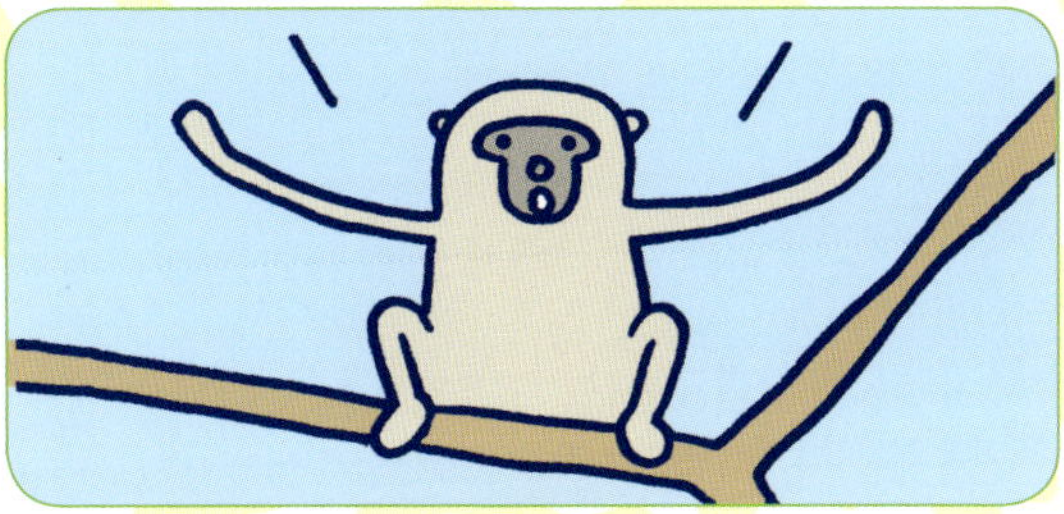

2 獲物《えもの》の鳥《とり》をおびきよせる

3 子《こ》どもと遊《あそ》んでいる

➡大好物《だいこうぶつ》は甘《あま》く熟《じゅく》した果物《くだもの》。おいしい果物《くだもの》を手《て》に入《い》れるには広《ひろ》いなわばりが必要《ひつよう》なんだ。

⬅大人《おとな》の身長《しんちょう》は120cm、体重《たいじゅう》は5kgくらい。長《なが》い腕《うで》で枝《えだ》から枝《えだ》へ移動《いどう》。地面《じめん》を歩《ある》くことはめったにないよ。

QUESTION 15

答《こた》え

❶ いきなり出会《であ》ってけんかしないように大声《おおごえ》で歌《うた》う

家族《かぞく》で群《む》れをつくり、なわばりの中《なか》で暮《く》らすアジルテナガザル。1つの家族《かぞく》のなわばりは、5つくらいの家族《かぞく》と接《せっ》しています。森《もり》では木々《きぎ》が茂《しげ》り、おたがいの姿《すがた》が見《み》えにくく、いきなり別《べつ》の家族《かぞく》と出会《であ》うと、けんかになってしまいます。

大声《おおごえ》を出《だ》して自分《じぶん》のなわばりを主張《しゅちょう》すれば、急《きゅう》に出会《であ》うことがなく、平和《へいわ》に暮《く》らせます。また、「朝《あさ》だよ」と家族《かぞく》に知《し》らせる合図《あいず》にも声《こえ》を使《つか》います。声《こえ》は大《おお》きく、車《くるま》のクラクションの8倍《ばい》くらいのうるささです。

ただ大声《おおごえ》を出《だ》しているわけではなく、どこのだれの声《こえ》か、わかるように、メロディーがあったり、夫婦《ふうふ》でいっしょにデュエットしたり、「歌声《うたごえ》」を使《つか》い分《わ》けています。

【ミニデータ】撮影場所《さつえいばしょ》：インドネシア、スマトラ島《とう》。「歌《うた》え!テナガザル家族《かぞく》」

QUESTION 16

木《き》の表面《ひょうめん》にたくさんのチョウたち。いったいなにをしている？

⬆チョウで埋《う》め尽《つ》くされた"黄金《おうごん》の木《き》"。
チョウの数《かず》は1本《ぽん》の木《き》で数十万《すうじゅうまん》、全部《ぜんぶ》で数億匹《すうおくひき》が森《もり》に集《あつ》まる。

1 木《き》の樹液《じゅえき》を吸《す》っている

2 敵《てき》から身《み》を守《まも》りながら産卵《さんらん》

3 寒《さむ》さをしのいで冬《ふゆ》ごもり

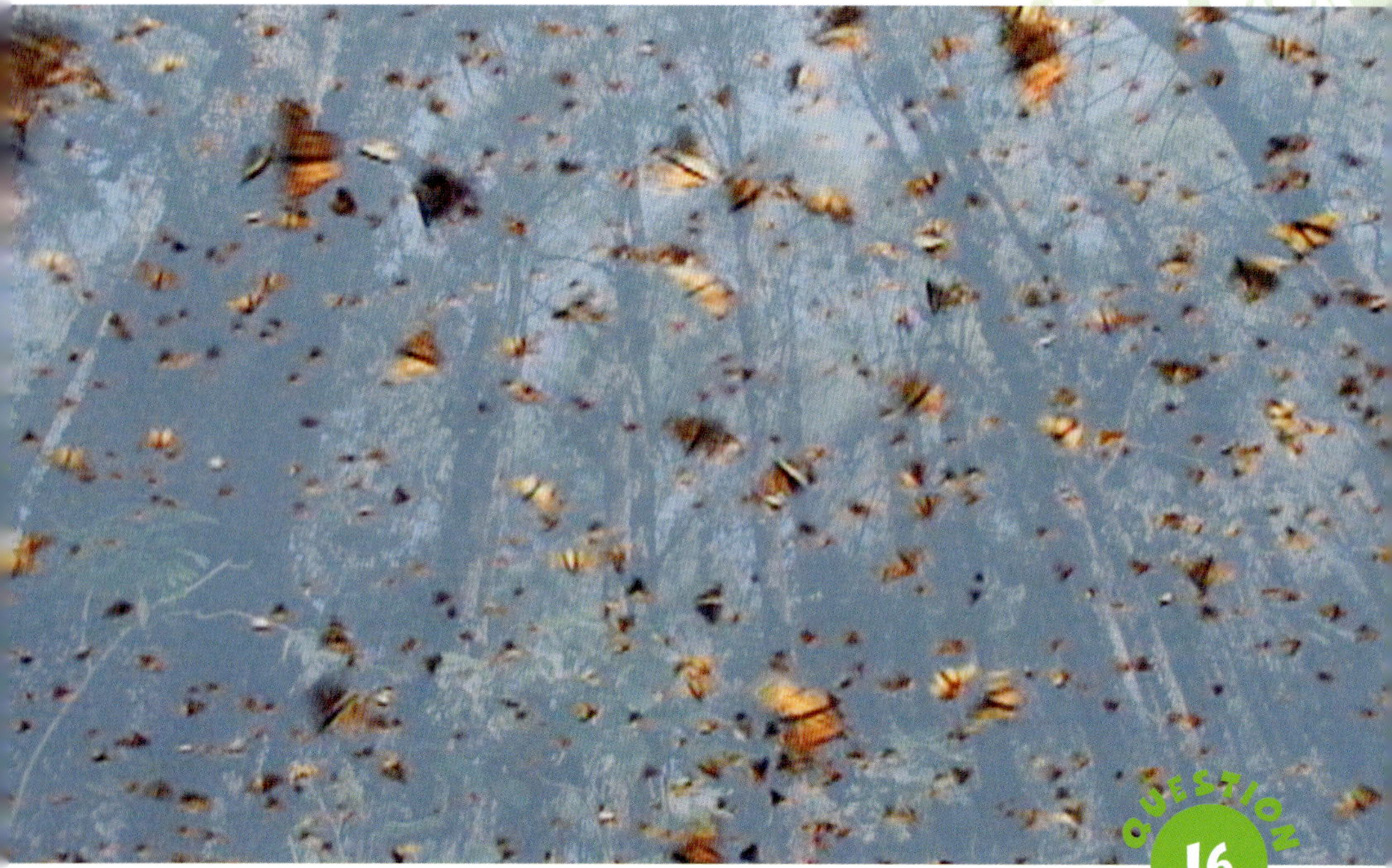

⬆黄金《おうごん》の木《き》をめざして3週間《しゅうかん》にわたって集《あつ》まり続《つづ》けるオオカバマダラ。すべてのチョウが木《き》をおおうと重《おも》さに耐《た》えられず折《お》れる枝《えだ》もあるという。

QUESTION 16 答《こた》え

③世代《せだい》をこえて受《う》けつがれた冬《ふゆ》を越《こ》す知恵《ちえ》なんだ！

毎年《まいとし》同《おな》じ森《もり》で冬《ふゆ》を越《こ》す、そして北《きた》アメリカ大陸《たいりく》縦断《じゅうだん》の旅《たび》へ

メキシコの高山《こうざん》地帯《ちたい》の森《もり》深《ふか》く、黄金《おうごん》に輝《かがや》くような大木《たいぼく》の幹《みき》、枝《えだ》、葉《は》、すべての表面《ひょうめん》をぎっしりとおおっているのは、オオカバマダラというチョウです。毎年《まいとし》11月《がつ》になると現《あらわ》れて、大木《たいぼく》に身《み》を寄《よ》せ合《あ》い、5か月間《げつかん》にわたる冬《ふゆ》の寒《さむ》さをしのぎます。

4月《がつ》、オオカバマダラはいっせいに飛《と》びたちます。トウワタという植物《しょくぶつ》に産卵《さんらん》して子孫《しそん》を増《ふ》やしていきます。トウワタの若《わか》い葉《は》を求《もと》めてどんどん北上《ほくじょう》し、約半年《やくはんとし》かけてカナダまで約《やく》3500㎞の大陸《たいりく》を縦断《じゅうだん》します。この間《あいだ》に4回《かい》の世代《せだい》交代《こうたい》が行《おこな》われ、数《かず》

⬆春《はる》、咲《さ》き乱《みだ》れる花《はな》のミツを吸《す》って栄養《えいよう》を補給《ほきゅう》。

も何倍《なんばい》にも増《ふ》えました。そして9月《がつ》の終《お》わり、オオカバマダラはもとのメキシコの森《もり》を目指《めざ》して飛《と》びたつのです。

⬆トウワタの葉《は》だけを食《た》べる幼虫《ようちゅう》。

世代《せだい》が交代《こうたい》しても冬《ふゆ》ごもりの場所《ばしょ》は変《か》わらないんですね

⬆南《みなみ》へもどる移動《いどう》の中継地《ちゅうけいち》で合流《ごうりゅう》し、さらに南《みなみ》へ。1日《にち》の移《い》動距離《どうきょり》は数百《すうひゃく》kmにもなる。

⬆帰《かえ》り道《みち》の途中《とちゅう》も車《くるま》の事故《じこ》や大雨《おおあめ》、ほかの動物《どうぶつ》に食《た》べられてしまうなど危険《きけん》がいっぱい。

たくさんの危険《きけん》を乗《の》り越《こ》えて一気《いっき》に魂《たましい》のふるさとへ

約《やく》半年《はんとし》かけて4代《だい》にわたり北上《ほくじょう》してきた道《みち》のりを、今度《こんど》はたった1代《だい》、1か月《げつ》あまりで南下《なんか》します。途中《とちゅう》で車《くるま》にぶつかったり、雨《あめ》に降《ふ》られたり、ほかの生《い》きものに食《た》べられたり、多《おお》くのオオカバマダラが命《いのち》を落《お》とします。それでもまだ見《み》ぬ魂《たましい》のふるさとと目《め》指《ざ》して飛《と》びつづけ、再《ふたた》び、黄金《おうごん》の木《き》が誕生《たんじょう》するのです。

行《い》きで何倍《なんばい》もに数《かず》をふやしたのは確実《かくじつ》に子孫《しそん》を残《のこ》すための知恵《ちえ》だな

【ミニデータ】撮影場所《さつえいばしょ》：メキシコ中部《ちゅうぶ》、シエラマドレ山脈《さんみゃく》。「黄金《おうごん》のチョウ　宿命《しゅくめい》の旅《たび》」

QUESTION 17

これはオオニワシドリの作品《さくひん》！ここでなにをする？

⬆小枝《こえだ》やカタツムリのカラなどでつくられたふしぎなものの正体《しょうたい》は……？

1 子《こ》どもを育《そだ》てる

2 メスにプロポーズする

3 ぐっすり眠《ねむ》る

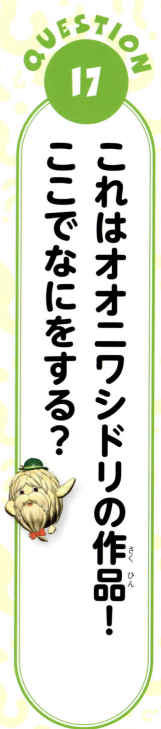

⬅オオニワシドリのオスは、気持《きも》ちが高《たか》ぶると頭《あたま》のピンク色《いろ》の王冠《おうかん》が開《ひら》くんだ。

⬆ピンクの王冠《おうかん》を見《み》せてアピールするオスを、メスは中《なか》に入《はい》って座《すわ》って見《み》ているよ。プロポーズ成功《せいこう》!

QUESTION 17 答《こた》え

②オスがメスと出会《であ》うためにつくる

オーストラリアにすむオオニワシドリのオスは、舞台《ぶたい》のような建物《たてもの》をつくってメスを誘《さそ》います。小枝《こえだ》でつくった壁《かべ》は厚《あつ》さ25㎝くらい。壁《かべ》のまわりにはカタツムリのカラや木《き》の実《み》、ガラスのかけら、動物《どうぶつ》の骨《ほね》などを、飾《かざ》るように並《なら》べます。できあがりが立派《りっぱ》なほど、メスをひきつけるのだそうです。

メスがやってくると、建物《たてもの》をはさんでオスはアピールし、中《なか》に入《はい》ってもらおうとします。建物《たてもの》の中《なか》は暗《くら》く、中《なか》に入《はい》って明《あか》るい外《そと》を見《み》ると、暗《くら》い客席《きゃくせき》からライトが当《あ》たった舞台《ぶたい》を見《み》るような効果《こうか》があります。

外《そと》に敷《し》きつめられた白《しろ》いカラや骨《ほね》は、光《ひかり》があたると反射《はんしゃ》。そこに立《た》つオスを下《した》からも照《て》らすしくみです。

【ミニデータ】撮影場所《さつえいばしょ》：オーストラリア。「1羽《わ》4役《やく》！舞台《ぶたい》にかける鳥《とり》」

QUESTION 18

キリンのオスとメスの簡単《かんたん》な見分《みわ》け方《かた》はどれ？

⬆背《せ》の高《たか》さは5m以上《いじょう》。長《なが》い首《くび》から見《み》える世界《せかい》は、歩道橋《ほどうきょう》からながめたように遠《とお》くまで見《み》わたせるよ。

1 からだの模様《もよう》がちがう

2 オスは高《たか》い木《き》の葉《は》、メスは地面《じめん》の草《くさ》を食《た》べる

3 角《つの》の数《かず》がちがう

⬆メスは角《つの》2本《ほん》、オスは3本《ほん》あるよ。

⬅生《う》まれて3時間《じかん》ほどの赤《あか》ちゃん。角《つの》はまだないよ。

QUESTION 18

答《こた》え

③ 頭《あたま》の角《つの》に注目《ちゅうもく》！ オスは3本《ぼん》、メスは2本《ほん》

オスは角《つの》を使《つか》ってけんかする

ふだんはおだやかに暮《く》らすキリンですが、オスがメスをめぐる争《あらそ》いでは、首《くび》パンチで闘《たたか》います。首《くび》をハンマーのように振《ふ》りまわして相手《あいて》を攻撃《こうげき》。そのパンチ力《りょく》を大《おお》きくするのが3本《ぼん》の角《つの》です。その衝撃《しょうげき》は、自動車《じどうしゃ》を横倒《よこだお》しにするほどのパワーともいわれます。

勝負《しょうぶ》の決着《けっちゃく》は、負《ま》けたほうが相手《あいて》の首《くび》をおずりする降参《こうさん》の合図《あいず》でわかります。負《ま》けを認《みと》めれば闘《たたか》いはゲームセット。

また、キリンのオスは首《くび》が立派《りっぱ》で背《せ》が高《たか》いほどメスにモテるそうです。ならんで高《たか》い木《き》の葉《は》を食《た》べて、どっちが高《たか》いところに届《とど》くか競《きそ》います。

⬆高《たか》い木《き》の葉《は》を食《た》べるオス。これはオスの背比《せいくら》べ。

首《くび》と首《くび》でいざ勝負《しょうぶ》!

必殺《ひっさつ》! 首《くび》パンチ!!

降参《こうさん》!

⬅降参《こうさん》したほうが、相手《あいて》の首《くび》にほおずりするよ。

けんかもなかなおりも 首《くび》を使《つか》うんですな

⬆アフリカ、ニジェールでは、キリンがゆったり座《すわ》る姿《すがた》も見《み》られるよ。
⬅脚《あし》を開《ひら》いて、いただきます! 食《た》べているのは野生《やせい》のスイカ。

キリンの楽園《らくえん》 アフリカのニジェール

アフリカのニジェールでは畑《はたけ》の近《ちか》くにキリンが暮《く》らしています。昔《むかし》は、肉食《にくしょく》動物《どうぶつ》がたくさんいたと考《かんが》えられていますが、開拓《かいたく》が進《すす》み、野生《やせい》動物《どうぶつ》が追《お》われてしまいました。でも、キリンは、農作物《のうさくぶつ》を枯《か》らしてしまう野生《やせい》のスイカを食《た》べてくれるので、残《のこ》ることができたのです。

アフリカ各地《かくち》では干《かん》ばつで食《た》べもののアカシアが激減《げきげん》、また乱獲《らんかく》もあり、キリンはかつての10分《ぶん》の1になりました。ニジェールでも50頭《とう》にまで減《へ》ったことがありましたが、人々《ひとびと》の保護《ほご》と努力《どりょく》で、現在《げんざい》は200頭《とう》くらいまでに回復《かいふく》しています。

【ミニデータ】撮影場所《さつえいばしょ》：ニジェール。「シリーズ　アフリカ再発見《さいはっけん》①　ようこそ!キリンの楽園《らくえん》」

QUESTION 19

百獣《ひゃくじゅう》の王《おう》ライオンの意外《いがい》な弱点《じゃくてん》は？

⬆迫力《はくりょく》のオスライオン。かっこいいね。

1 サバンナの肉食動物《にくしょくどうぶつ》の中《なか》では足《あし》が遅《おそ》い

2 武器《ぶき》はキバだけで、足《あし》のツメは役《やく》に立《た》たない

3 自分《じぶん》よりからだの大《おお》きな動物《どうぶつ》はねらわない

⬆首《くび》をかまれたシマウマはもう逃《に》げることはできないよ。
⬅鋭《するど》いキバで獲物《えもの》をしとめるよ。7㎝くらい長《なが》いんだ。

QUESTION 19

答《こた》え

①およそ200kgの重《おも》い体重《たいじゅう》ではただ走《はし》っても追《お》いつかない

スピードで負《ま》けてもチームワークで補《おぎな》う

リーダーのオスと複数《ふくすう》のメス、その子《こ》どもたちの群《む》れで暮《く》らすライオン。狩《か》りはメスの仕事《しごと》です。オスよりは身軽《みがる》ですが、足《あし》の速《はや》さでは、ガゼルやシマウマなどの草食動物《そうしょくどうぶつ》にはかないません。それを補《おぎな》うのが、チームワークです。

獲物《えもの》に逃《に》げ場《ば》を与《あた》えないように追《お》いこんで待《ま》ちぶせをしたり、網《あみ》で囲《かこ》いこむような狩《か》りもします。群《む》れで役割《やくわり》を決《き》めて協力《きょうりょく》する頭脳《ずのう》的《てき》な狩《か》りです。

獲物《えもの》に追《お》いつきさえすれば、あとは強力《きょうりょく》な武器《ぶき》を使《つか》うだけ。最大《さいだい》の武器《ぶき》は、上下《じょうげ》に２本《ほん》

力《ちから》だけでなく
見事《みごと》な作戦《さくせん》で狩《か》り
をするんですな

⬅自由《じゆう》に出《だ》し入《い》れできる長《なが》いツメが、獲物《えもの》にしっかり食《く》いこめば、なかなかはずれないよ。

⬅ライオンより体重《たいじゅう》が1.5倍程度《ばいていど》ある子《こ》どものキリン。馬乗《うまの》りになり、足《あし》を浮《う》かせ、全体重《ぜんたいじゅう》をかけて倒《たお》すよ。

包囲網作戦《ほういもうさくせん》!

⬆まず獲物《えもの》の位置《いち》を確認《かくにん》して遠《とお》くから三角形《さんかくけい》で囲《かこ》む。三角形《さんかくけい》を保《たも》ったまま少《すこ》しずつ獲物《えもの》に近《ちか》づく。1頭《とう》が獲物《えもの》にかかっていき、逃《に》げたところを残《のこ》りのライオンがしとめる。

待《ま》ちぶせ作戦《さくせん》!

⬆まず4頭《とう》で横一列《よこいちれつ》にならぶ。つぎに1頭《とう》が獲物《えもの》の反対側《はんたいがわ》にまわりこむ。あわてて逃《に》げる獲物《えもの》の行《ゆ》く手《て》でなかまが待《ま》ちぶせ。

ずつある長《なが》いキバです。このキバで獲物《えもの》にかみつき、とどめを刺《さ》します。

重《おも》い体重《たいじゅう》と長《なが》いツメも狩《か》りに欠《か》かせません。獲物《えもの》は全体重《ぜんたいじゅう》をかけて倒《たお》します。そのとき、指《ゆび》の間《あいだ》から出《で》てくる長《なが》さ5㎝ほどのツメが獲物《えもの》に深《ふか》く食《く》いこむと、はずれないので振《ふ》り落《お》とされません。

⬅獲物《えもの》が少《すく》なくおなかがすけば、カバやゾウなど大《おお》きな動物《どうぶつ》をねらうこともあるんだ。

➡なるべく狩《か》りをしなくてすむように、ふだんは寝《ね》てばかりの省《しょう》エネ生活《せいかつ》。満腹《まんぷく》なら、近《ちか》くに獲物《えもの》がいても襲《おそ》わないよ。

⬆メスは自分《じぶん》の子《こ》どもでなくてもお乳《ちち》をあげるよ。おかあさんが病気《びょうき》やけがで命《いのち》を落《お》としても、群《む》れのほかのメスが子育《こそだ》てをするんだ。

⬆子《こ》どもが飛《と》びかかると、獲物役《えものやく》の大人《おとな》はわざと倒《たお》れて教《おし》えるよ。

子《こ》どものときから狩《か》りの練習《れんしゅう》

体重《たいじゅう》をかけて獲物《えもの》を倒《たお》すのは狩《か》りの基本《きほん》。子《こ》どもたちの狩《か》りの練習《れんしゅう》に、大人《おとな》が「獲物役《えものやく》」になって教《おし》えるシーンが目撃《もくげき》されました。

子《こ》どもが襲《おそ》ったタイミングで倒《たお》れたり、何度《なんど》も何度《なんど》も同《おな》じ動《うご》きをくりかえすなど、大人《おとな》は指導《しどう》が上手《じょうず》でていねいです。

また、大人《おとな》が狩《か》りをするときは、子《こ》どもは静《しず》かに見学《けんがく》。子《こ》どものときから学《まな》びながら最強《さいきょう》のテクニックを身《み》につけていきます。

【ミニデータ】撮影場所《さつえいばしょ》：タンザニア。「百獣《ひゃくじゅう》の王《おう》ライオン 最強《さいきょう》の秘密《ひみつ》」

⬆スイレンのなかま、オオオニバス。漢字《かんじ》で書《か》くと「大鬼蓮《おおおにはす》」。大《おお》きな葉《は》とトゲをもつのでこうよばれるよ。

QUESTION 20

水《みず》草《くさ》では世《せ》界《かい》最《さい》大《だい》のオオオニバス。その葉《は》はどのくらいじょうぶ？

1 小《ちい》さな子《こ》ども一人《ひとり》まで葉《は》の上《うえ》に乗《の》せられる

2 子《こ》ども二人《ふたり》を葉《は》に乗《の》せてもしずまない

3 トラックが乗《の》っても葉《は》はびくともしない

⬆男《おとこ》の子《こ》と女《おんな》の子《こ》の体重《たいじゅう》をたすと41kg。撮影《さつえい》のときは、70kgの大人《おとな》が乗《の》ってもしずまなかったそうだよ。

QUESTION 20 答《こた》え

② 大《おお》きな葉《は》は子《こ》ども二人《ふたり》合計《ごうけい》41kgが乗《の》ってもしずまなかった。

人《ひと》が乗《の》ってもどうしてしずまないのだろう?

オオオニバスは、水底《みずそこ》の根《ね》から茎《くき》をだし、水面《すいめん》に葉《は》を広《ひろ》げています。葉《は》はなにかに支《ささ》えられているわけではありません。葉《は》の力《ちから》で浮《う》いています。力持《ちからも》ちの理由《りゆう》は、葉《は》の大《おお》きさや形《かたち》、じょうぶな構造《こうぞう》、浮《う》き輪《わ》の役目《やくめ》をする葉脈《ようみゃく》などが考《かんが》えられています。

オオオニバスの咲《さ》くアマゾンは、大量《たいりょう》の雨《あめ》や雪《ゆき》どけ水《みず》で、川《かわ》の水位《すいい》は激《はげ》しく変《か》わります。浮《う》く力《ちから》を大《おお》きくすることで、太陽《たいよう》の光《ひかり》をいっぱいあび、生《い》き残《のこ》ってきたのです。

オオオニバスが力《ちから》持《も》ちな理由《りゆう》

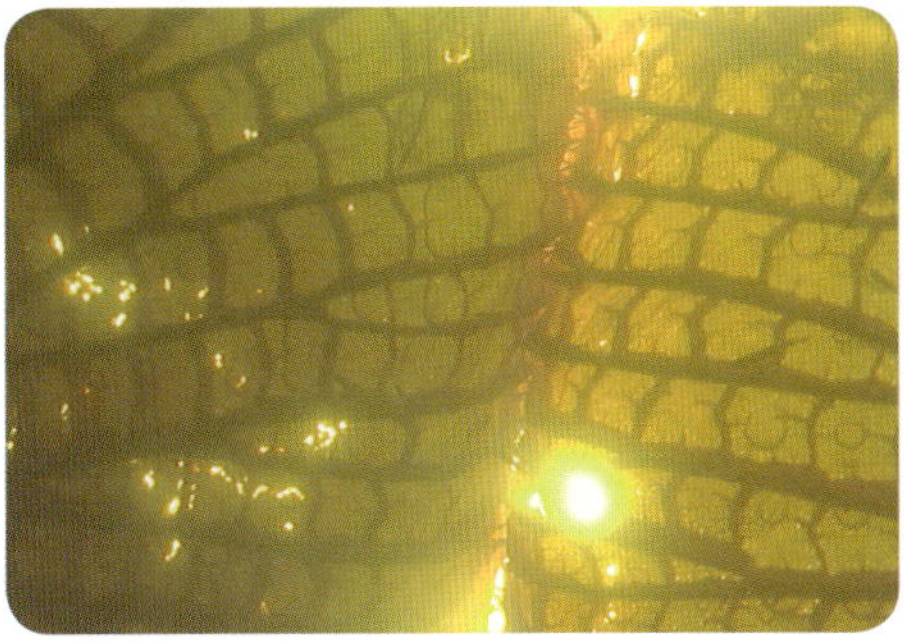

↑網《あみ》の目《め》のような太《ふと》い葉脈《ようみゃく》があって、じょうぶでやぶれにくいよ。

↑大《おお》きな葉《は》は2mほど。大《おお》きいほど水《みず》に浮《う》く力《ちから》も大《おお》きくなるよ。

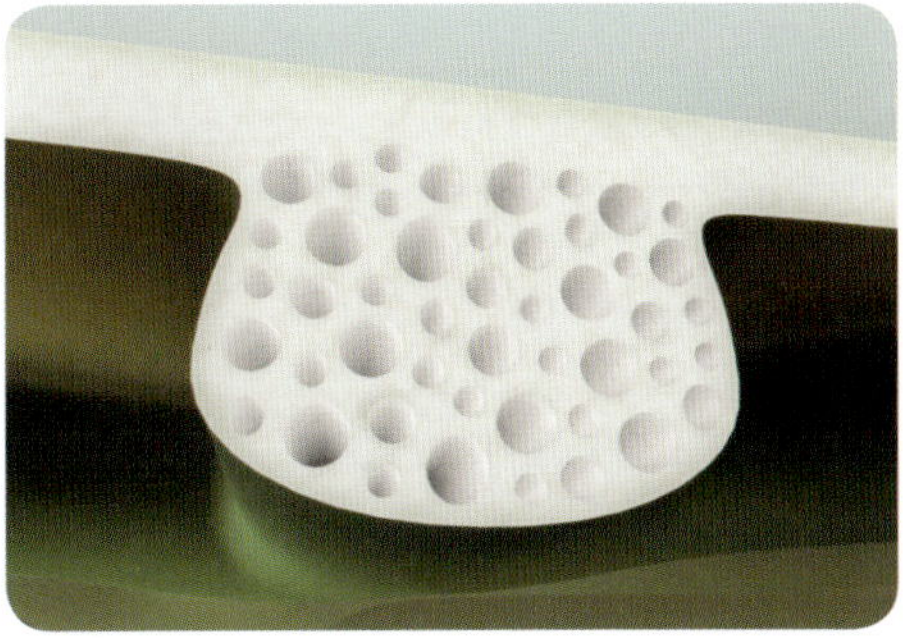

↑葉脈《ようみゃく》の中《なか》はパイプ状《じょう》で、浮《う》き輪《わ》の役目《やくめ》をしているよ。

↑葉《は》のまわりが立《た》ちあがっているから、水《みず》が入《はい》りにくいんだ。

オオオニバスに集《あつ》まる生《い》きものたち

↑葉《は》の裏《うら》のトゲにかくれる小魚《こざかな》。それをねらう大《おお》きな魚《さかな》も集《あつ》まる。

↑葉《は》の上《うえ》に巣《す》をつくる水鳥《みずどり》、ナンベイレンカク。

オオオニバスの変身《へんしん》

⬆2日《か》めの夕方《ゆうがた》。赤《あか》い色《いろ》に変身《へんしん》して再《ふたた》び咲《さ》く。このとき、閉《と》じこめられたコガネムシがでてくるよ。

⬆1日《にち》めの日没《にちぼつ》近《ちか》く。まず最初《さいしょ》に白《しろ》い花《はな》を咲《さ》かせ、甘《あま》い香《かお》りでコガネムシをさそうよ。

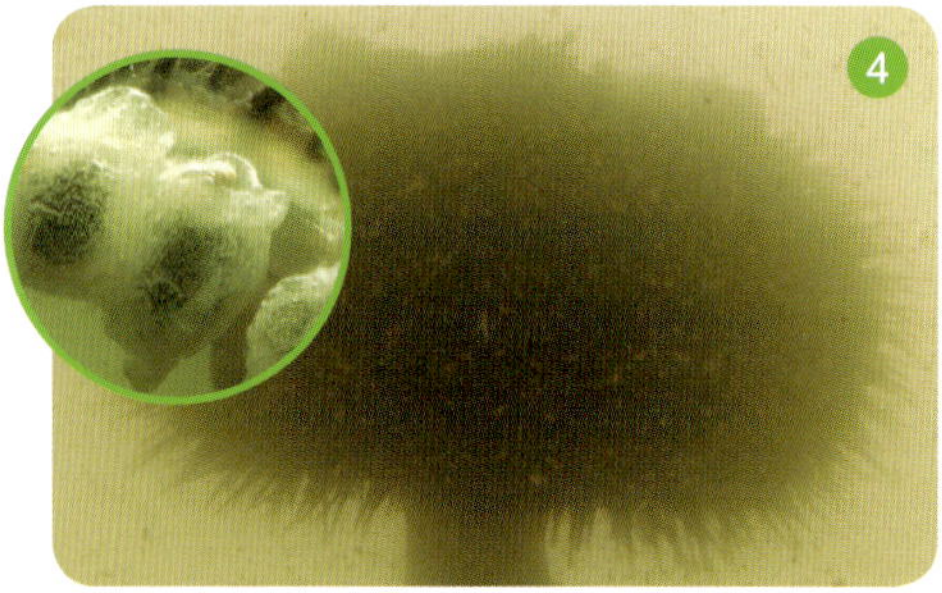

⬆3日《か》め。花《はな》は閉《と》じて水《みず》の中《なか》にしずむ。1か月後《げつご》には実《み》がふくらんで中《なか》からタネがでてくるんだ。

⬆2日《か》めの朝《あさ》。花《はな》は一度《いちど》閉《と》じてしまう。コガネムシを閉《と》じこめたままの花《はな》もあるんだ。

花《はな》は、白《しろ》から赤《あか》へ大変身《だいへんしん》!

オオオニバスの花《はな》はまず、1日《にち》めに白《しろ》い花《はな》を咲《さ》かせます。甘《あま》い香《かお》りにさそわれてコガネムシがやってきます。花《はな》にはミツはありませんが、花《はな》の中《なか》には栄養《えいよう》があり、コガネムシはそれを食《た》べにやってきたのです。

2日《か》めの朝《あさ》、花《はな》は閉《と》じてしまいます。なかにはコガネムシが入《はい》ったままの花《はな》もあります。夕方《ゆうがた》になると、花《はな》の色《いろ》を赤《あか》く変《か》えて開《ひら》きます。そのときはもう甘《あま》い香《かお》りはしません。からだに花粉《かふん》をいっぱいつけたコガネムシは花《はな》から飛《と》びだし、甘《あま》い香《かお》りのする白《しろ》い花《はな》へ向《む》かいます。花《はな》の色《いろ》を変《か》えて、オオオニバスはコガネムシに受粉《じゅふん》をしてもらっているのです。

【ミニデータ】撮影場所《さつえいばしょ》:ブラジル アマゾン川流域《がわりゅういき》。「水面《すいめん》の王者《おうじゃ》 アマゾンに咲《さ》く!」

QUESTION 21

花《はな》びらがハンマーのようなラン、いったいどんな役《やく》目《め》がある？

花《はな》の女王《じょおう》と呼《よ》ばれる美《うつく》しいラン。花《はな》びらの一部《いちぶ》がほかとはちがう形《かたち》になっているのが特徴《とくちょう》。

1 ある虫《むし》をさそっている

2 中《なか》に水《みず》をためている

3 食《た》べものになる虫《むし》をつかまえる

⬆ハンマーのつけ根《ね》がちょうつがいのようになっていて、ハチがハンマーをかかえて飛《と》び去《さ》ろうとすると花粉《かふん》にぶつかるしくみ。

⬆メスバチとデートするためにオスが連《つ》れさろうとすると、ハンマー状《じょう》のリップが離《はな》れてくれないので、オスは花粉袋《かふんぶくろ》に何度《なんど》も突進《とっしん》することに。

QUESTION 21 答《こた》え

① オスバチを引《ひ》きよせているんだ！

花粉《かふん》を運《はこ》ばせるためにメスバチに似《に》た形《かたち》に進化《しんか》！

黒《くろ》いハンマーのような形《かたち》になっているのは、ランの花《はな》びらの一部《いちぶ》で〝リップ〟と呼《よ》ばれる部分《ぶぶん》。このリップは環境《かんきょう》や育《そだ》てかたによって、形《かたち》が変《か》わってくるものなのです。オーストラリアの乾《かわ》いた大地《だいち》に生《は》えるこのランのリップは、実《じつ》はメスのハチにそっくり。

動《うご》けないランは、ハチなどの虫《むし》に花粉《かふん》を運《はこ》んでもらい、受粉《じゅふん》しないと実《み》を結《むす》ぶことはできません。だけど乾燥地《かんそうち》には虫《むし》が少《すく》なく、確実《かくじつ》に受粉《じゅふん》してもらうために、メスバチの姿《すがた》に進化《しんか》しました。オスバチは恋《こい》の季節《きせつ》にメスバチを見《み》つけると、必死《ひっし》で捕《つか》まえて飛《と》び立《た》とうとします。ハチのこの本能《ほんのう》を利用《りよう》し、花粉《かふん》がオスバチのからだにつくしくみになっています。

バケツの形《かたち》になったランも！

こちらはメキシコのラン。リップの形《かたち》がバケツ状《じょう》になっているのが特徴《とくちょう》です。甘《あま》い香《かお》りでオスバチをおびきよせ、水《みず》の入《はい》ったバケツに落《お》として閉《と》じこめるしくみ。狭《せま》い出口《でぐち》を見《み》つけたオスが、必死《ひっし》で逃《に》げだしたときには、しっかりからだに花粉《かふん》がついているというわけ。驚《おどろ》くべきしかけなのです。

リップや花《はな》びらによって分類《ぶんるい》されるランの種類《しゅるい》は野生《やせい》のものだけで2万《まん》5000もあるんだ

❶ ユニークなバケツ型《がた》のリップ。しかしここにはおそろしいワナが……。

❷ つるつるの壁《かべ》をもったバケツの中《なか》に落《お》ちたハチは、ぬれた羽《はね》で悪戦苦闘《あくせんくとう》。

❸ ようやく見《み》つけた天井《てんじょう》のくぼみから逃《に》げだそうとすると、ハチのからだにはしっかり花粉《かふん》がつく。

バケツにたまる水《みず》はランが作《つく》りだしたもの。

【ミニデータ】撮影場所《さつえいばしょ》：オーストラリア南西部《なんせいぶ》とメキシコ南部《なんぶ》。「花《はな》の女王《じょおう》 ランが化《ば》けた!」

ぬぅ！ ワニに
おそわれるわに！

100万《まん》頭《とう》大《だい》移《い》動《どう》！

ヌーVSワニ

まもなく雨季《うき》に入《はい》るタンザニアのセレンゲティ。ケニアのマサイマラからやってくるヌーの大群《たいぐん》を待《ま》ちかまえるのは増水《ぞうすい》したマラ川《がわ》。流《なが》れに逆《さか》らうように渡《わた》るヌーに、ワニが襲《おそ》いかかります！ ゆたかな緑《みどり》を求《もと》めて大《だい》移《い》動《どう》をくりかえすヌーの群《む》れを大《だい》追《つい》跡《せき》です！

アフリカ大陸《たいりく》
ケニア
タンザニア

⬆野生《やせい》動物《どうぶつ》の宝庫《ほうこ》、セレンゲティ国立《こくりつ》公園《こうえん》。日本《にほん》の四季《しき》のようなはっきりした季節《きせつ》はなく、雨季《うき》と乾季《かんき》をくりかえす。

オグロヌー Connochaetes taurinus	体長：1.7～2.4m ／体重：140～290kg ／食《た》べもの：おもにイネのなかまの草《くさ》。／特徴《とくちょう》：アフリカの大型《おおがた》のウシのなかま。別名《べつめい》ウシカモシカとも呼《よ》ばれ、ウシとカモシカを合《あ》わせたようなからだ。

赤《あか》ちゃんを守《まも》れ!

2月《がつ》。セレンゲティでは、ヌーの出産《しゅっさん》シーズンをむかえていました。毎年《まいとし》40万頭《まんとう》もの赤《あか》ちゃんが生《う》まれるので、この時期《じき》のヌーは、ぜんぶで150万頭《まんとう》ほどにもなるといわれています。

ヌーの赤《あか》ちゃんは、生《う》まれて5分《ふん》ほどで歩《ある》き出《だ》します。生《う》まれたばかりの赤《あか》ちゃんをねらって、群《む》れにつきまとう肉食動物《にくしょくどうぶつ》がいるからです。

たいへん! ジャッカルが現《あらわ》れました。赤《あか》ちゃんのまわりをうろついて、かみつこうとしています。何度《なんど》も手《て》を出《だ》ししつこいジャッカル。そこへ、群《む》れのお母《かあ》さんヌーたちがいっせいに襲《おそ》いかかりました。はげしく首《くび》をふって、ジャッカルを追《お》いたてます。とうとうジャッカルは逃《に》げていきました。

➡赤《あか》ちゃんをつけねらうジャッカル。足《あし》にかみつこうと、すきをうかがう。

⬅ほかのお母《かあ》さんヌーたちが、ジャッカルを追《お》いたてて、群《む》れから遠《とお》ざけた。

➡お母《かあ》さんとはぐれてしまった子《こ》ども。

こちらの子《こ》どもは、お母《かあ》さんとはぐれてしまったようです。必死《ひっし》にお母《かあ》さんをさがしています。この時期《じき》の子《こ》どもは、まだお母《かあ》さんのお乳《ちち》を飲《の》んでいます。もしも、このままお母《かあ》さんを見《み》つけ出《だ》せなければ、肉食動物《にくしょくどうぶつ》に襲《おそ》われるか、飢《う》えのために死《し》んでしまうでしょう。大《おお》きな群《む》れでは、このような悲《かな》しいできごともおこってしまうのです。

⬆生《う》まれて3か月《げつ》のヌーの子《こ》ども（手前《てまえ》）。小《ちい》さな角《つの》が生《は》えてきた。

雨《あめ》を追《お》いかけて……

ヌーは、青々《あおあお》とした草《くさ》が大好物《だいこうぶつ》。雨季《うき》のセレンゲティでは、雨《あめ》がふった先《さき》から新芽《しんめ》がのびてくるので、ヌーは、雨《あめ》を追《お》うように小《ちい》さな移動《いどう》をくりかえします。草《くさ》がどんどん生《は》えるこの時期《じき》、子《こ》どもたちはたくさん食《た》べて、すくすくと育《そだ》っていきます。

5月《がつ》。生《う》まれて3か月《げつ》ほどたったヌーの子《こ》どもは角《つの》ものび、ヌーらしくなってきました。子《こ》どもの角《つの》は、まだまっすぐです。

季節《きせつ》はそろそろ乾季《かんき》に入《はい》ろうとしています。セレンゲティでは、乾季《かんき》にはほとんど雨《あめ》がふりません。食《た》べる草《くさ》がなくなるので、シマウマと同《おな》じようにヌーも、乾季《かんき》でも雨《あめ》がふるケニアのマサイマラへ移動《いどう》します。子《こ》どもたちも700〜800㎞を歩《ある》かなければなりません。

⬆マサイマラへの大移動《だいいどう》。

土《つち》けむり作戦《さくせん》!?

大《だい》移《い》動《どう》のあいだも油《ゆ》断《だん》はできません。チーターやライオンが、ヌーやシマウマの群《む》れを待《ま》ちかまえています。これに対《たい》抗《こう》するには、ヌーのこの大《たい》群《ぐん》が役《やく》に立《た》ちます。ライオンが群《む》れの1頭《とう》にねらいを定《さだ》め、走《はし》ってきました。おどろいて走《はし》り出《だ》すヌーの群《む》れ。ものすごい土《つち》けむりです。もうもうと上《あ》がる土《つち》けむりにヌーのすがたはかくされ、ライオンもなすすべなしです。

⬆ヌーをねらうライオン（上《うえ》）。群《む》れが気《き》づいて走《はし》り出《だ》すと、土《つち》けむりが巻《ま》き上《あ》がり、ヌーのすがたをかくした（下《した》）。

知《し》ってる? 用《よう》心《じん》深《ぶか》いヌー

ヌーの大《だい》移《い》動《どう》を見《み》ると、大《おお》きな群《む》れなのに、ほとんど1列《れつ》で歩《ある》いているように見《み》えます。前《まえ》のヌーが歩《ある》いたあとをついていけば安《あん》全《ぜん》というわけです。それでは1番《ばん》前《まえ》はというと、なんとシマウマです。危《き》険《けん》な先《せん》頭《とう》をシマウマにまかせて、ほんとうに用《よう》心《じん》深《ぶか》いことです。でも、シマウマにもいいことがあります。ヌーの大《たい》群《ぐん》といっしょなら、群《む》れにまぎれて目《め》立《だ》たなくなるので、肉《にく》食《しょく》動《どう》物《ぶつ》におそわれにくくなるのです。

同《おな》じ草《そう》原《げん》に生《い》きる草《そう》食《しょく》動《どう》物《ぶつ》同《どう》士《し》、もちつもたれつですね。

シマウマについていくヌーの群《む》れ。

浅瀬《あさせ》をさがして渡るヌーの群《む》れ。

乾季《かんき》のマサイマラ

セレンゲティとマサイマラのあいだには、マラ川《がわ》という、大《おお》きな難関《なんかん》が立《た》ちはだかっています。乾季《かんき》のこの時期《じき》は、まだ水《みず》かさはさほどではありませんが、子《こ》どもを連《つ》れたヌーの群《む》れは、大《おお》きく回《まわ》り道《みち》をしても、浅《あさ》い場所《ばしょ》をさがして渡《わた》っていきます。マラ川《がわ》にはワニもいるので、深《ふか》いところでは、子《こ》どもがワニに食《た》べられたり、流《なが》されたりしてしまうからです。

なんとかマラ川《がわ》をこえると、マサイマラに到着《とうちゃく》です。マサイマラでは、乾季《かんき》も雨《あめ》がふるため、ヌーたちは、小《ちい》さな移《い》動《どう》をくりかえして、芽《め》を出《だ》したばかりの若《わか》い草《くさ》をたっぷり食《た》べることができます。こうして、雨季《うき》までの2か月間《げつかん》を、マサイマラですごすのです。

⬆マラ川《がわ》でくらす巨大《きょだい》ワニ。大人《おとな》のヌーもおそって食《た》べる。

知《し》ってる？ 食《た》べわけて有効活用《ゆうこうかつよう》

セレンゲティからマサイマラにかけての平原《へいげん》にくらす草食動物《そうしょくどうぶつ》は、なんと100種以上《しゅいじょう》といわれています。広大《こうだい》な平原《へいげん》とはいえ、ヌーだけでも100万《まん》から150万頭《まんとう》も暮《く》らしているのですから、大量《たいりょう》の草《くさ》が食料《しょくりょう》として必要《ひつよう》になります。草食動物同士《そうしょくどうぶつどうし》で、食《た》べもののうばいあいにならないのでしょうか？

じつは、シマウマとヌーの場合《ばあい》、うまく食《た》べわけができています。シマウマは長《なが》くのびたイネのなかまの茎《くき》や葉《は》などを、ヌーはシマウマが食《た》べたあとの根元《ねもと》の葉《は》を食《た》べます。シマウマは上下《じょうげ》の前歯《まえば》をかみ合《あ》わせてかたい茎《くき》を引《ひ》きちぎっています。ヌーは上《うえ》の前歯《まえば》はありませんが、かわりに「歯板《しばん》」とよばれる歯茎《はぐき》と下《した》の前《まえ》歯《ば》を使《つか》って、葉《は》を切《き》りとって食《た》べているのです。

この平原《へいげん》の草食動物《そうしょくどうぶつ》で、ヌーのつぎに多《おお》いトムソンガゼルは、ヌーが食《た》べたあとに出《で》てくる、さらにやわらかい葉《は》を食《た》べます。キリンは長《なが》い首《くび》で高《たか》い木《き》の葉《は》を食《た》べ、ジェレヌクは後《うし》ろ足《あし》で立《た》って低《ひく》い木《き》の葉《は》を食《た》べています。

乾季《かんき》に食《た》べものの草《くさ》が減《へ》ってしまう平原《へいげん》では、このように植物《しょくぶつ》を食《た》べわけて、むだなく利用《りよう》しているのです。

⬆草《くさ》の上《うえ》のほうを食《た》べるシマウマ（上《うえ》）と、根元《ねもと》の葉《は》を食《た》べるヌー（下《した》）。

必死《ひっし》で泳《およ》ぐヌーに近《ちか》づくワニ。

大《おお》きな口《くち》で襲《おそ》いかかる！

ワニとの対決《たいけつ》！

9月《がつ》。まもなく雨季《うき》がやってきます。雨季《うき》のマサイマラは、はげしい雨《あめ》がふりつづき、地面《じめん》が水《みず》びたしになることもあります。雨季《うき》に入《はい》る前《まえ》に、セレンゲティへもどらなければなりません。

ヌーの大移動《だいいどう》が、ふたたびはじまりました。第《だい》一関門《いちかんもん》はやはりマラ川《がわ》。すでに、だいぶ増水《ぞうすい》していますが、今回《こんかい》は回《まわ》り道《みち》はしません。ぐずぐずしていると、もっと増水《ぞうすい》してしまうからです。

とはいえ、ワニに襲《おそ》われるもの、おぼれて流《なが》されるものが後《あと》を絶《た》ちません。こちらでも、1頭《とう》のヌーに近《ちか》づくワニのかげ……大《おお》きな口《くち》で襲《おそ》いかかります。おどろくヌー。逃《に》げようとふり上《あ》げたヌーの前足《まえあし》がワニにヒット！　水《みず》にしずんだワニは、後《あと》につづいたヌーにもふみつけられました。用心深《ようじんぶか》いヌーですが、このときばかりは、いきおいにまかせて突進《とっしん》するのですね。

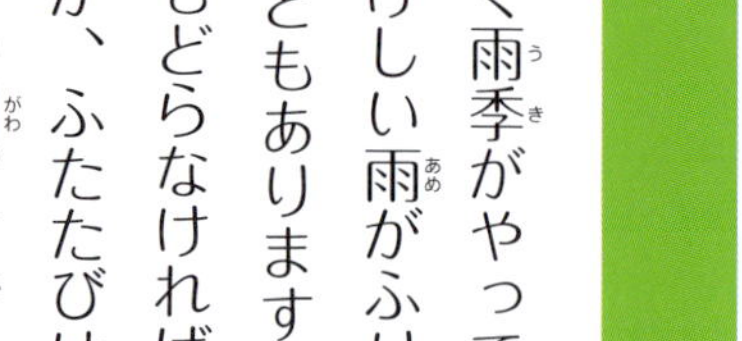

➡増水《ぞうすい》したマラ川《がわ》を泳《およ》いで渡《わた》るヌー。

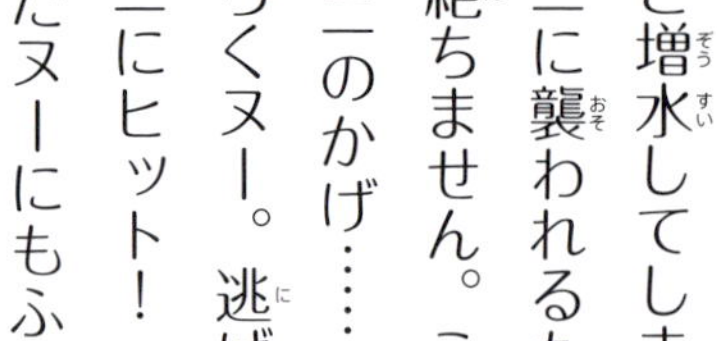

➡流《なが》されてくるヌーの死《し》がいを、下流《かりゅう》で待《ま》ちかまえるハゲワシ。

おどろいたヌーが、前足《まえあし》で……

ドスッ!
ワニをけちらした!

➡川《かわ》に跳《と》びこむヌーの子《こ》ども（右《みぎ》）。対岸《たいがん》は、ヌーで大渋滞《だいじゅうたい》。うまくぬけられるか（左《ひだり》）。

マラ川《がわ》をこえて

いまやマラ川《がわ》の渡《わた》り口《ぐち》は、ヌーでいっぱい。小《ちい》さな子《こ》どものすがたもあります。大人《おとな》たちにもまれ、ほとんどの親子《おやこ》がここではなればなれになってしまうそうです。

子《こ》どもでも、自力《じりき》で川《かわ》に跳《と》びこみ、対岸《たいがん》にたどりつかなければなりません。マラ川《がわ》をこえ、セレンゲティにたどりつくまで、がんばれ、ヌー！

バトルはつづく…

ゆたかな緑《みどり》を求《もと》めて、大地《だいち》をゆるがすヌーの大群《たいぐん》。ふたたびセレンゲティにたどりついた群《む》れでは、新《あら》たな命《いのち》が誕生《たんじょう》し、3か月後《げつご》にはマサイマラへの旅《たび》に出発《しゅっぱつ》します。くりかえされる苦難《くなん》の旅《たび》。その中《なか》で、子《こ》どもたちは強《つよ》くたくましく成長《せいちょう》していきます。

まわりは
敵だらけ!!

ひみつ基地《きち》で目《め》くらまし
アナウサギ VS オコジョ

イギリスは、国土《こくど》の7割《わり》が田園地帯《でんえんちたい》。こののどかな風景《ふうけい》のどこかに、かわいらしいアナウサギが暮《く》らしています。でも、キツネやタカのなかまなどの天敵《てんてき》も、いたるところにひそんでいます。さまざまな技《わざ》でたくましく生《い》きるアナウサギたちの暮《く》らしを追《お》います。

↑広《ひろ》がる田園地帯《でんえんちたい》。アナウサギをはじめ、さまざまな動物《どうぶつ》が暮《く》らしている。

アナウサギ Oryctolagus cuniculus	体長《たいちょう》：38～50cm ／体重《たいじゅう》：0.9～2kg ／食《た》べもの：植物《しょくぶつ》の葉《は》や根《ね》、木《き》の皮《かわ》など。／特徴《とくちょう》：ペットとして飼《か》われているカイウサギは、アナウサギを飼《か》いならしたもの。

危険《きけん》を知《し》る技《わざ》!

アナウサギは、ここ田園《でんえん》地帯《ちたい》ではさまざまな動物《しょくぶつ》に食《た》べられることの多《おお》い動物《どうぶつ》です。でもウサギは、敵《てき》がやってきたことを知《し》る技《わざ》をもっています。

そのひとつは、ウサギの最大《さいだい》の特徴《とくちょう》である大《おお》きな長《なが》い耳《みみ》。よく動《うご》いて、敵《てき》が立《た》てるあらゆる方向《ほうこう》からの音《おと》をキャッチします。そして、丸《まる》い大《おお》きな目《め》。顔《かお》の横《よこ》についているので、からだの後《うし》ろのほうまで見渡《みわた》せ、後《うし》ろから近《ちか》づく敵《てき》も見《み》のがしません。

そして群《む》れ。アナウサギたちは群《む》れで生活《せいかつ》します。大《おお》きなものでは30匹《ぴき》以上《いじょう》になります。群《む》れは１００ｍ四方《しほう》ほどのなわばりをもっていて、そこから出《で》ることはありません。群《む》れにはオスのリーダーが1匹《ぴき》いて、危険《きけん》を感《かん》じると群《む》れ全体《ぜんたい》に知《し》らせます。

⬆アナウサギの耳《みみ》はよく動《うご》いて、まわりを調《しら》べる。まるでレーダーのよう。

⬆目《め》は顔《かお》の横《よこ》についていて、まわりを広《ひろ》く見渡《みわた》すことができる。

⬆アナウサギの群《む》れ。群《む》れの中《なか》で大人《おとな》のオスはリーダーだけ。

➡あごの下《した》を地面《じめん》や草《くさ》にすりつけて、なわばりをアピール!

➡群《む》れを乗《の》っとりにきたオスを追《お》いかけるリーダー。

➡音《おと》もなく飛《と》んで、上空《じょうくう》から獲物《えもの》をさがすメンフクロウ。

⬆リーダーが足《あし》をふみ鳴《な》らして、危険《きけん》を知《し》らせ（上《うえ》）、一目散《いちもくさん》に逃《に》げだす（下《した》）。

➡リーダーを追《お》って、草《くさ》むらに逃《に》げこむ群《む》れのメンバーたち。

群《む》れを守《まも》るリーダー!

群《む》れのメンバーはオスのリーダーのほかに、メスとその子《こ》どもたち。オスは、あごにある、においが出《で》る部分《ぶぶん》を草《くさ》や地面《じめん》にこすりつけて「ここは、自分《じぶん》のなわばりだぞ!」と、ほかのオスたちに知《し》らせます。

群《む》れのまわりには、オスがたくさんいて、なわばりとリーダーの座《ざ》をねらっています。そうしたオスがなわばりの中《なか》に入《はい》ってくると、リーダーはずっと追《お》いかけまわし、追《お》いはらいます。

群《む》れの敵《てき》は、アナウサギのオスだけではありません。アナウサギには空《そら》からねらってくる天敵《てんてき》もいます。メンフクロウです。リーダーは、周《しゅう》

穴《あな》はつながっていて、まるで迷路《めいろ》だ。

←田園地帯《でんえんちたい》にたくさん開《あ》いた穴《あな》。アナウサギたちのすみかだ。

入《い》りくんだ穴《あな》に、はまったら、まよってしまいますぞ！

囲《い》を警戒《けいかい》して、敵《てき》がくるのを感《かん》じると、後《うし》ろ足《あし》をダンッとふみ鳴《な》らして、群《む》れのアナウサギたちに危険《きけん》を知《し》らせます。そして、オスが逃《に》げ出《だ》すと、群《む》れは、いっせいにやぶのなかへ。群《む》れはぶじでした。

アナウサギのひみつ基地《きち》！

アナウサギは、その名《な》のとおり地《じ》面《めん》に掘《ほ》った穴《あな》を巣《す》にしています。中《なか》は、まるで迷路《めいろ》のようにトンネルが枝《えだ》わかれをしていて、もしも穴《あな》の中《なか》に敵《てき》が入《はい》ってきても、かんたんに見《み》つかることはありません。

さらに、出入《でい》り口《ぐち》もたくさんあるので、敵《てき》が入《はい》ってきたのとは別《べつ》の穴《あな》から外《そと》に逃《に》げ出《だ》すことができます。

天敵《てんてき》！オコジョ登場《とうじょう》

アナウサギにとって最大《さいだい》の天敵《てんてき》のひとつがオコジョです。オコジョはイタチのなかまで、ウサギより小《ちい》さくほっそりした体形《たいけい》の肉《にく》食動物《しょくどうぶつ》です。動《うご》きはすばやく、アナウサギの巣《す》にも侵入《しんにゅう》してしまうやっかいな敵《てき》です。

アナウサギもオコジョがいるのがわかると、すぐさま逃《に》げ出《だ》します。尾《お》の裏側《うらがわ》の白《しろ》い部分《ぶぶん》を見《み》せて走《はし》るのは、なかまに危険《きけん》を知《し》らせているのです。

間一髪《かんいっぱつ》！　穴《あな》に逃《に》げこむことができました。しかし、オコジョはしつこく、穴《あな》の中《なか》にまで入《はい》ってきます。このときのバトルでは、ウサギは迷路《めいろ》のような巣穴《すあな》に守《まも》られてぶじでした。

しかしオコジョの猛《もう》スピードの攻撃《こうげき》に負《ま》けて、とらえられてしまうこともあります。

⬆巣穴《すあな》に飛《と》びこんで逃《に》げるアナウサギ。

⬆オコジョ。細《ほそ》くしなやかなからだで小動物《しょうどうぶつ》をおそうハンターだ。アナウサギを見《み》つけた。

ギリギリで逃《に》がしてしまって、オコジョもおこってるじょ。

⬆オコジョ（⬆）が巣穴《すあな》の中《なか》まで追《お》いかけてきた!

⬆オコジョがすぐさまダッシュ。

ねばり強《づよ》くアナウサギをねらうオコジョ。

アナウサギも必死《ひっし》で逃《に》げるも……

たいへん! 追《お》いつかれてしまう!!

とうとうオコジョにとらえられてしまった

赤《あか》ちゃんの誕生《たんじょう》

６月《がつ》、アナウサギたちは出産《しゅっさん》の季節《きせつ》をむかえます。赤《あか》ちゃんは巣穴《すあな》の中《なか》で生《う》まれ、夏《なつ》まで、安全《あんぜん》な巣穴《すあな》の中《なか》で育《そだ》ちます。

巣穴《すあな》から出《で》ると、子《こ》どもたちも、お母《かあ》さんと同《おな》じように、草《くさ》の葉《は》などを食《た》べるようになります。もっとも天敵《てんてき》におそわれやすいこの時期《じき》は、お母《かあ》さんがぴったりよりそいます。

⬆生《う》まれてから2～3日《にち》ほど。体長《たいちょう》10cmの赤《あか》ちゃん。

⬆葉《は》を食《た》べる子《こ》どもとお母《かあ》さん。

知《し》ってる?　お母《かあ》さんの気《き》づかい

お母《かあ》さんが、赤《あか》ちゃんにお乳《ちち》をあげる時間《じかん》はほんの3～4分《ふん》。しかも1日《にち》のうち、夜《よる》に1～2回《かい》だけです。これは、巣《す》に残《のこ》ったにおいや気配《けはい》に、敵《てき》が気《き》づかないようにするための気《き》づかいです。

また、お母《かあ》さんは、せっせと毛《け》づくろいをします。からだをきれいにして、赤《あか》ちゃんに病気《びょうき》の原因《げんいん》になるノミなどがつかないようにしているのです。

⬆耳《みみ》を前《まえ》あしでなでつけて、毛《け》づくろいするお母《かあ》さん。

外《そと》は危険《きけん》がいっぱい

巣《す》穴《あな》から出《で》た子《こ》どもたちを、危険《きけん》が待《ま》ちうけていました。弱《よわ》ったウサギや子《こ》どもを襲《おそ》うこともあるカラスや、おそろしいハンターであるタカのなかまのオオタカなど、外《そと》の世界《せかい》は天敵《てんてき》だらけ。

でも、子《こ》どもたちははじめて見《み》るものをこわいと感《かん》じないのか、カラスが近《ちか》くにいてもあまり逃《に》げようとしません。とうとう、1匹《ぴき》がつかまってしまいました。その瞬間《しゅんかん》、子《こ》どもたちのピンチを知《し》ったリーダーがものすごいいきおいでかけつけ、カラスを追《お》いはらいました。

かわいい子《こ》どもたち、群《む》れに守《まも》られ、たくましく生《い》きぬいてほしいですね！

➡カラスが子《こ》どもをつかまえた（上《うえ》）。リーダーがかけつけて、カラスを追《お》いはらってくれた（下《した》）。

⬅オオタカ。上空《じょうくう》からものすごいスピードで襲《おそ》う。

バトルはつづく…

アナウサギは、大《おお》きな後《うし》ろ足《あし》で速《はや》く走《はし》ることができます。敵《てき》に対《たい》しては速《はや》い足《あし》をいかして逃《に》げるだけかと思《おも》いきや、ときには敵《てき》を追《お》いはらう勇敢《ゆうかん》なすがたも見《み》せてくれました。のどかな田園地帯《でんえんちたい》には、アナウサギをねらうさまざまな敵《てき》がひそんでいます。群《む》れを守《まも》るリーダー、これからもがんばれ！

第3章

知《し》られざる生《い》きものたちのスゴ技《わざ》

ハンティングのスゴ技《わざ》

テッポウウオ

水《みず》鉄砲《でっぽう》のように水《みず》を発射《はっしゃ》！ 木《き》や枝《えだ》の虫《むし》を打《う》ち落《お》とす

テッポウウオは大《おお》きさ15㎝くらいのふつうの姿《すがた》をした魚《さかな》ですが、水中《すいちゅう》から鉄砲《てっぽう》のように水《みず》を飛《と》ばして木《き》の上《うえ》の虫《むし》をとり、落《お》ちてくる獲物《えもの》をダイレクトにキャッチする名《めい》ハンターです。水《すい》面《めん》のすぐ下《した》から大《おお》きな目《め》で獲物《えもの》をさがし、口《くち》から水《みず》を発射《はっしゃ》。ねらった獲物《えもの》は百発百中《ひゃっぱつひゃくちゅう》で、当《あ》たっても落《お》ちないときは連射《れんしゃ》でしとめます。水面《すいめん》から高《たか》さ30㎝の虫《むし》に命中《めいちゅう》するまで、0・03秒《びょう》。これでは虫《むし》もよけることができません。

速《はや》くて正確《せいかく》な狩《か》りは、発射位置《はっしゃいち》、口《くち》のしくみ、えらぶたの使《つか》いかたなどに秘密《ひみつ》があります。テッポウウオの口《くち》の中《なか》は、上《うわ》あごに細《ほそ》い溝《みぞ》があり、その下《した》に厚《あつ》い舌《した》があります。舌《した》を上《うわ》あごに押《お》しあてると、細《ほそ》い管《くだ》ができます。このときにえらぶたを閉《と》じることで、のどにたまっていた水《みず》が、細《ほそ》い管《くだ》を通《とお》って、水鉄《みずでっ》砲《ぽう》のように押《お》しだされるのです。

水《みず》を1ｍくらいは飛《と》ばす

発射《はっしゃ》するとき口《くち》は少《すこ》し水面《すいめん》から出《だ》して、水《みず》の抵抗《ていこう》で勢《いきお》いが弱《よわ》くならないようにしてるよ。

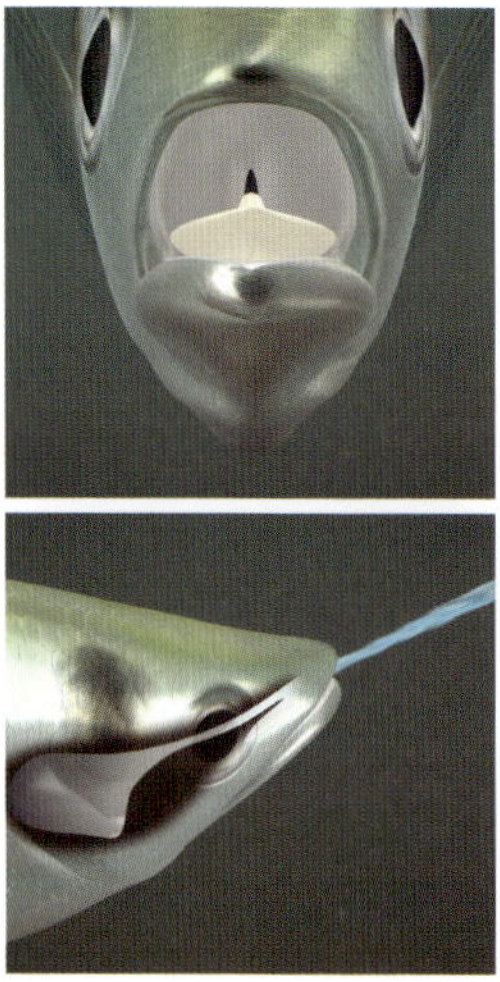

上《うわ》あごにある溝《みぞ》に厚《あつ》い舌《した》を押《お》しあてると細《ほそ》い管《くだ》になるんだ。えらぶたを閉《と》じると、のどにたまった水《みず》が細《ほそ》い管《くだ》から飛《と》びだすしくみだよ。

スゴ技

こともできますが、獲物《えもの》の近《ちか》くから発射《はっしゃ》。それは空気中《くうきちゅう》にあるものを水中《すいちゅう》から見《み》ると、光《ひかり》の屈折《くっせつ》で実際《じっさい》とはちがう位置《いち》にあるように見《み》えるためです。獲物《えもの》の真下《ました》に近《ちか》づけば、位置《いち》もずれないというわけです。

●テッポウウオに関《かん》するクイズは、「驚《おどろ》きのはなれワザ編《へん》」の33ページにあるよ!

ハンティングのスゴ技《わざ》

コモドドラゴン

毒《どく》で獲物《えもの》が弱《よわ》るのを待《ま》つ 省《しょう》エネな狩《か》り

インドネシアのコモド島《とう》にすむコモドドラゴンは、世界最大《せかいさいだい》のオオトカゲ。大《おお》きなからだと迫力《はくりょく》ある顔《かお》つきは恐竜《きょうりゅう》そっくりです。

卵《たまご》からうまれたばかりのときは40㎝くらいですが、30年《ねん》ほどかけて大《おお》きくなります。大《おお》きなものは、からだの長《なが》さが3ｍ、体重《たいじゅう》は１００kgくらいもあります。

暑《あつ》さに弱《よわ》く、昼間《ひるま》は木陰《こかげ》などで休《やす》むことがほとんど。近《ちか》くに別《べつ》のコモドドラゴンがいてもふだんは争《あらそ》うことはありません。獲物《えもの》をとるときも、力技《ちからわざ》で追《お》いつめるような狩《か》りはしません。

コモドドラゴンは獲物《えもの》に流《なが》し込《こ》むための毒《どく》を持《も》っています。そして鋭《するど》くとがった歯《は》をもっています。かみつかれた獲物《えもの》は傷口《きずぐち》から毒《どく》がからだにまわり、だんだん弱《よわ》っていきます。

⬆（上《うえ》）昼間《ひるま》は木陰《こかげ》でのんびり。ふだんは近《ちか》くに別《べつ》のコモドドラゴンがいても、けんかしないよ。
（下《した》）かみつくときに毒《どく》を注入《ちゅうにゅう》！　でもコモドドラゴン同士《どうし》がかみついても死《し》ぬことはないんだって。

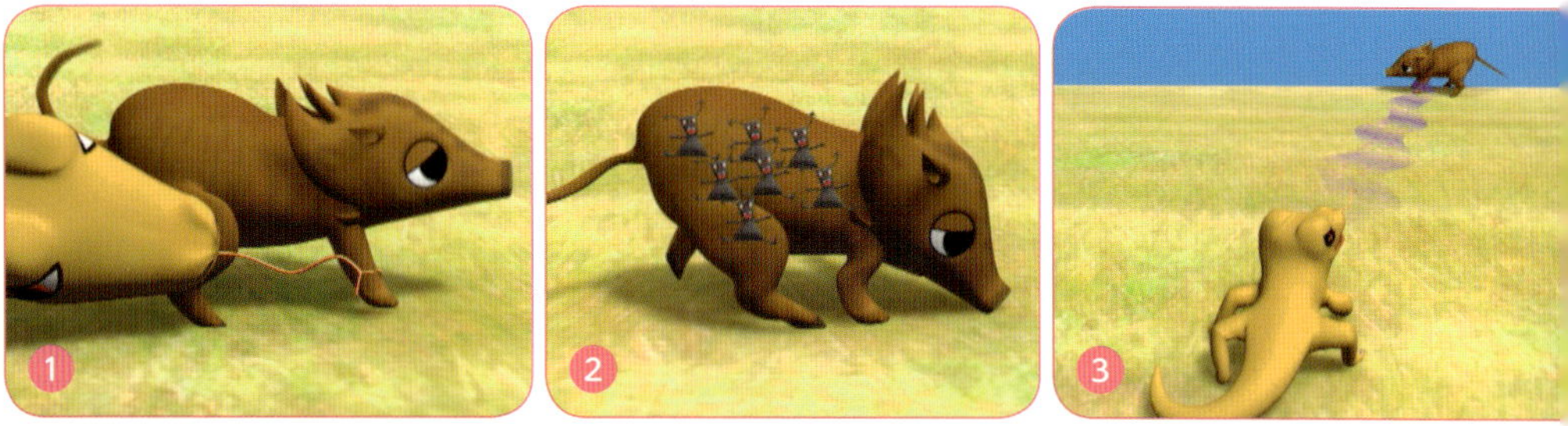

⬆❶獲物《えもの》をひとかみ→❷相手《あいて》が弱《よわ》るのを待《ま》つ→❸相手《あいて》の居場所《いばしょ》を鋭《するど》い嗅覚《きゅうかく》でつきとめる。顔《かお》に似合《にあ》わず省《しょう》エネな狩《か》りで獲物《えもの》をとるよ。

スゴ技

⬅逃《に》げるイノシシを追《お》ってもかなわないから、ひとかみするだけのムダのない狩《か》り。

足《あし》の速《はや》いイノシシやシカなどはムリに追《お》いかけず、ひとかみしたあとはひたすら毒《どく》がまわるのを待《ま》つのみ。何日《なんにち》も獲物《えもの》のあとをつけまわし、倒《たお》れたところを食《た》べます。

一度《いちど》に体重《たいじゅう》の80％もの獲物《えもの》を食《た》べることができ、そのあとひと月《つき》くらい食《た》べなくても大丈夫《だいじょうぶ》といわれています。

⬆30cmくらいある長《なが》い舌《した》で、においをかぎわけることができるんだ。5km離《はな》れた獲物《えもの》のにおいもわかるんだって。

●コモドドラゴンに関《かん》するクイズは、「からだのヒミツ編《へん》」の19ページにあるよ!

ハンティングのスゴ技《わざ》

ミナミベニハチクイ

飛《と》んでいるハチを空中《くうちゅう》キャッチ！ 火事《かじ》の中《なか》でも狩《か》りをする

ミナミベニハチクイはアフリカの中央部《ちゅうおうぶ》から南部《なんぶ》にかけて暮《く》らすわたり鳥《どり》です。名前《なまえ》のとおりハチが大好物《だいこうぶつ》。でも、あちらこちらへとハイスピードで飛《と》びまわるハチを、むやみに追《お》いかけてもつかまりません。ハチを待《ま》ちぶせしてとります。

まず、木《き》の上《うえ》や空《そら》の上《うえ》など、見晴《みは》らしのよいところからハチをさがします。ミナミベニハチクイはとても目《め》がよく、数《すう》十m先《さき》の小《ちい》さなハチも見《み》つけることができます。そしてハチが巣《す》へもどろうとするところをいきなり襲《おそ》い、ハチが全力《ぜんりょく》で逃《に》げる前《まえ》につかまえます。ほんの一瞬《いっしゅん》の早技《はやわざ》です。

ハチをめがけて、横向《よこむ》きに飛《と》んだり、真下《ました》から飛《と》んだり、からだをひねったり、アクロバティックな飛行術《ひこうじゅつ》で狩《か》りをします。いろいろな角度《かくど》から飛《と》んでいても、視線《しせん》の先《さき》はいつもハチを見《み》つめています。

←羽毛《うもう》が断熱材《だんねつざい》のはたらきをして、熱《ねつ》が皮膚《ひふ》まで伝《つた》わりにくいから、短《みじか》い時間《じかん》なら火事《かじ》の中《なか》でも平気《へいき》なんだって。

空《そら》飛《と》ぶハチを下《した》からねらって空中《くうちゅう》でキャッチ。アクロバティックな飛《ひ》行術《こうじゅつ》でハンティングするよ。

ミナミベニハチクイが暮《く》らす乾燥地《かんそうち》帯《たい》では、雷《かみなり》が落《お》ちて火事《かじ》になることがあります。そんなときは炎《ほのお》の中《なか》へ飛《と》びこむように狩《か》りをします。火《ひ》に驚《おどろ》いて飛《と》びだしてくる虫《むし》をねらっているのです。ミナミベニハチクイにとって、火《か》事《じ》はたくさんの獲物《えもの》がとれるチャンスです。

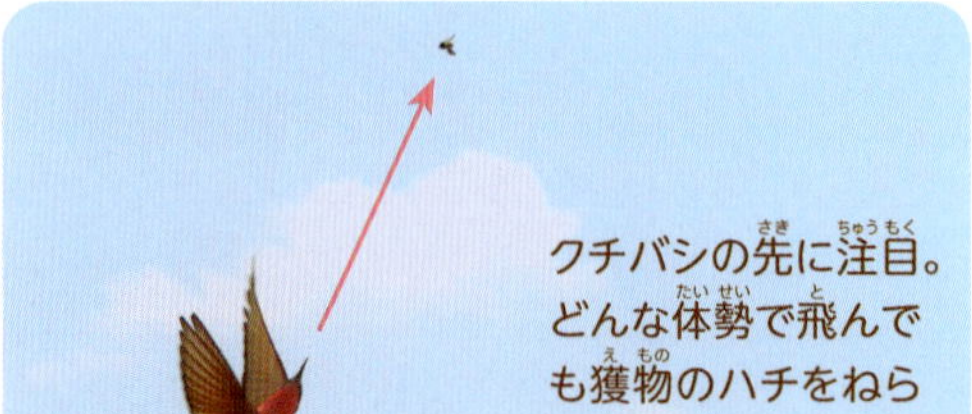

クチバシの先《さき》に注目《ちゅうもく》。どんな体勢《たいせい》で飛《と》んでも獲物《えもの》のハチをねらっているよ。

ハチといえば、おしりに毒針《どくばり》をもっていますが、ミナミベニハチクイはそのへんもちゃんと心得《こころえ》ていて、毒針《どくばり》をとってからハチを食《た》べます。

　ハチをつかまえると枝《えだ》に止《と》まり、まずハチの頭《あたま》を枝《えだ》に打《う》ちつけてあばれないように気絶《きぜつ》させます。つぎはおしりの先《さき》を枝《えだ》にこするように打《う》って毒針《どくばり》をとります。

　でも、ハチに刺《さ》されたり、追《お》いかけられることもあります。ミナミベニハチクイは毒《どく》に免疫《めんえき》があるので死《し》ぬことはありませんが、ハチを食《た》べるのはなかなか大変《たいへん》です。虫《むし》を食《た》べる鳥《とり》はたくさんいますが、ハチならライバルが少《すく》ないので食《た》べものに困《こま》らないのです。

コミュニケーションのスゴ技《わざ》

プレーリードッグ

鳴《な》き声《ごえ》が伝言《でんごん》ゲームのように敵《てき》の居場所《いばしょ》を伝《つた》える

プレーリードッグはオスと複《ふく》数《すう》のメス、その子《こ》どもたちで家《か》族《ぞく》をつくっています。1つの家《か》族《ぞく》は50m四《し》方《ほう》ほどのなわばりを持《も》ち、そのまわりには150ほどの家《か》族《ぞく》が集《あつ》まっているので、なわばり争《あらそ》いは絶《た》えません。

でも、外《がい》敵《てき》にはおとなりさんなど家《か》族《ぞく》同《どう》士《し》が団《だん》結《けつ》し、鳴《な》き声《ごえ》をあげて警《けい》戒《かい》します。

例《たと》えばコヨーテは、巣《す》穴《あな》の前《まえ》でプレーリードッグが出《で》てくるのを待《ま》ちぶせするように狩《か》りをします。

これでは一《いち》度《ど》巣《す》穴《あな》に逃《に》げこんだプレーリードッグは、いつ出《で》ていいのかわかりません。だから警《けい》告《こく》の鳴《な》き声《ごえ》を聞《き》いても、すぐには巣《す》穴《あな》に隠《かく》れず、コヨーテが近《ちか》づいてきてから逃《に》げこみます。

そのときまだ、おとなりさんは鳴《な》き続《つづ》けています。おとなりさんの声《こえ》がしなくなったら、コヨーテが移《い》動《どう》した合《あい》図《ず》。巣《す》穴《あな》

➡コヨーテの姿《すがた》が見《み》えていても、近《ちか》づいてくるまでは巣《す》穴《あな》に逃《に》げこまないんだ。

ぼくたち、見《み》はり番《ばん》
コヨーテがきたよ!
スゴ技

の中《なか》でも、コヨーテがどこにいるか見当《けんとう》がつきます。つまり鳴《な》き声《ごえ》が伝言《でんごん》ゲームのように伝《つた》わり、敵《てき》に備《そな》えているのです。この鳴《な》き声《ごえ》は、草《くさ》を食《た》べにやってきたウサギやジリスたちにとっても、ありがたい鳴《な》き声《ごえ》になっています。

なわばりをめぐるもめごとはあっても、家族《かぞく》同士《どうし》が近《ちか》くにいれば、外敵《がいてき》を見《み》つけやすく、おたがいに安全《あんぜん》です。

外敵《がいてき》に備《そな》えるのにかかせないのが見《み》はり台《だい》です。プレーリードッグのすまいは、土《つち》を掘《ほ》ってつくった穴《あな》の中《なか》。穴《あな》の入《い》り口《ぐち》は見《み》はり台《だい》で、土《つち》が盛《も》られてまわりが高《たか》くなっています。まわりに草《くさ》が生《は》えていても、見《み》はり台《だい》で立《た》ちあがれば周囲《しゅうい》を見《み》わたせて、敵《てき》に備《そな》えることができます。

⬆巣穴《すあな》のまわりは、ピッチャーマウンドのように高《たか》くなっているよ。

●プレーリードッグに関《かん》するクイズは、「子育《こそだ》てのふしぎ編《へん》」の29ページにあるよ!

コミュニケーションのスゴ技《わざ》

タイワンリス

敵《てき》によって鳴《な》き声《ごえ》を変《か》えて なかまに知《し》らせる

タイワンリスは木《き》の上《うえ》にすむリスの中《なか》ではめずらしく、何匹《なんびき》もが集《あつ》まって暮《く》らしています。メスと子《こ》どもたちの家族《かぞく》が中心《ちゅうしん》のグループで、リーダーはいませんが、敵《てき》などの危険《きけん》に気《き》づくと、なかまに鳴《な》き声《こえ》で知《し》らせます。

例《たと》えば、子《こ》どもをねらうことがあるサルなど、陸地《りくち》や木《き》からやってくる敵《てき》には「ワンワン」と犬《いぬ》のような鳴《な》き声《こえ》。敵《てき》がいなくなるまで鳴《な》き続《つづ》けて警戒《けいかい》します。

ワシのように空《そら》からやってきる敵《てき》には「ガッガッ」と短《みじか》く鳴《な》くと、すぐに逃《に》げだし、木陰《こかげ》に隠《かく》れます。最初《さいしょ》に2回《かい》鳴《な》いただけで、あとは敵《てき》がいなくなるまでじっと動《うご》かず静《しず》かに隠《かく》れます。

地上《ちじょう》の敵《てき》と空《そら》からの敵《てき》では危険度《きけんど》がちがいます。タカなどの空《そら》の敵《てき》は、急降下《きゅうこうか》して一《いっ》

➡迷子《まいご》の赤《あか》ちゃんを見《み》つけたお母《かあ》さん。なかまの「チーチー」という鳴《な》き声《ごえ》のおかげで、かけつけたらしいよ。みんな集《あつ》まれ！という鳴《な》き声《ごえ》もあるんだね。

瞬《しゅん》で狩《か》りをするので、すぐに隠《かく》れて静《しず》かにしていないとつかまってしまうのです。台湾《たいわん》では、春《はる》と秋《あき》にタカの大集団《だいしゅうだん》がやってくるので、空《そら》からの敵《てき》にはとても用心深《ようじんぶか》いようです。鳴《な》き声《ごえ》を敵《てき》によって使《つか》いわけて、なかまに合図《あいず》して身《み》を守《まも》っています。

　鳴《な》き声《ごえ》はメスをさそうときにも使《つか》われ、オスはカエルのような「ゲコゲコ」という大合唱《だいがっしょう》をします。メスはもっとも大《おお》きく長《なが》く鳴《な》いたオスを選《えら》ぶそうです。

陸《りく》の敵《てき》にはこんな声《こえ》!
ワンワン
スゴ技

空《そら》の敵《てき》にはこんな声《こえ》!
ガッガッ

コミュニケーションのスゴ技《わざ》

アフリカゾウ

人間《にんげん》には聞《き》こえない音《おと》でおしゃべりをする

ゾウは「超低周波音《ちょうていしゅうはおん》」という20ヘルツ以下《いか》の音《おと》で、なかまと会話《かいわ》をします。これは人間《にんげん》には聞《き》こえない音《おと》です。音《おと》には高《たか》い音《おと》と低《ひく》い音《おと》があり、周波数《しゅうはすう》で表《あらわ》されます。

サバンナのきびしい自然《しぜん》の中《なか》で暮《く》らすゾウにとって、超低周波音《ちょうていしゅうはおん》はとても大事《だいじ》。水《みず》や食《た》べものが少《すく》なくなる乾季《かんき》に、ゾウたちは移動《いどう》してさがします。そんなとき、「こっちに水《みず》があるよ」「ライオンがいる!」など重要《じゅうよう》な情報《じょうほう》をなかまに知《し》らせます。やりとりは文章《ぶんしょう》になっていて、このようなゾウのことばは70種類《しゅるい》以上《いじょう》あると考《かんが》えられています。

ゾウが人間《にんげん》には出《だ》せない低《ひく》い音《おと》を出《だ》せるのは、大《おお》きなからだのためです。長《なが》い鼻《はな》の空間《くうかん》に反響《はんきょう》させて音《おと》を出《だ》します。楽器《がっき》の笛《ふえ》と同《おな》じで、長《なが》いほど低《ひく》い音《おと》が出《だ》せるのです。からだの小《ちい》さい子《こ》どもは超低周波音《ちょうていしゅうはおん》を出《だ》すことはできません。

インドネシア、スマトラ

←音《おと》には高《たか》い音《おと》と低《ひく》い音《おと》があって周波数《しゅうはすう》(Hzヘルツ)で表《あらわ》されるよ。人間《にんげん》には聞《き》こえないといわれる約《やく》20ヘルツ以下《いか》の音《おと》をゾウは出《だ》したり聞《き》いたりできるんだ。

島《とう》沖《おき》地《じ》震《しん》（2004年）の大《おお》津《つ》波《なみ》のとき、スリランカの海《かい》岸《がん》にいたアジアゾウたちは、津《つ》波《なみ》がくる1時《じ》間《かん》ほど前《まえ》に群《む》れで高《たか》台《だい》へ向《む》かい、1頭《とう》も災《さい》害《がい》に巻《ま》きこまれなかったといわれます。津《つ》波《なみ》は超《ちょう》低《てい》周《しゅう》波《は》音《おん》を発《はっ》生《せい》させ、その音《おと》は津《つ》波《なみ》の2倍《ばい》のスピードで陸《りく》に届《とど》くそうです。海《かい》岸《がん》にいたゾウは超《ちょう》低《てい》周《しゅう》波《は》音《おん》から異《い》常《じょう》を知《し》り、なかまに情《じょう》報《ほう》を伝《つた》え、海《かい》岸《がん》から逃《に》げたのではないかと考《かん》えられています。

スゴ技

いっしょにこっちへ行《い》きましょう

あなたが行《い》きたい方《ほう》向《こう》にはわたしは行《い》きたくない

⬆音《おと》を映《えい》像《ぞう》にして表《あらわ》す「音《おと》カメラ」でゾウのおしゃべりをとったよ。

●アフリカゾウに関《かん》するクイズは、「驚《おどろ》きのはなれワザ編《へん》」の79ページにあるよ!

コミュニケーションのスゴ技《わざ》

ゲラダヒヒ

おこった顔《かお》で気《き》持《も》ちを伝《つた》え ムダなけんかをしない

　ゲラダヒヒは、険《けわ》しい崖《がけ》に囲《かこ》まれた標《ひょう》高《こう》2000mから5000mの高山《こうざん》で暮《く》らしています。オスを中心《ちゅうしん》に数匹《すうひき》のメスと子《こ》どもたちで家族《かぞく》をつくっています。夜《よる》は家族《かぞく》で崖《がけ》にある小《ちい》さなくぼみで休《やす》み、朝《あさ》は崖《がけ》を登《のぼ》り、上《うえ》の高原《こうげん》でほかの家族《かぞく》と合流《ごうりゅう》し、大集団《だいしゅうだん》で草《くさ》を食《た》べます。

　サルのなかまで、小《ちい》さな集団《しゅうだん》が集《あつ》まって、大《おお》きな集団《しゅうだん》をつくることはとてもめずらしいことだそうです。ニホンザルなどはなわばり意識《いしき》が強《つよ》く、群《む》れと群《む》れが出会《であ》うと、追《お》いはらおうとしてけんかになります。でも、ゲラダヒヒは近《ちか》くにほかの家族《かぞく》がいても気《き》にしません。家族《かぞく》がたくさん集《あつ》まって村《むら》をつくっているようなものなのです。村《むら》では家族《かぞく》同《どう》士《し》は平等《びょうどう》で、なわばり争《あらそ》いなどはありません。

　もし、もめごとが起《お》こっても、争《あらそ》いを

➡断崖絶壁《だんがいぜっぺき》を登《のぼ》り、日中《にっちゅう》は崖《がけ》の上《うえ》の高原《こうげん》で大集団《だいしゅうだん》で暮《く》らすよ。

しないしくみが「表情《ひょうじょう》」です。くちびるをめくったり、目《め》の上《うえ》を白《しろ》くしておこった顔《かお》をします。これは、相手《あいて》を挑発《ちょうはつ》しているのではなく、「おこっているから近《ちか》づかないで！」という合図《あいず》。表情《ひょうじょう》だけでなく声《こえ》を使《つか》うこともあります。

すぐに手《て》を出《だ》さず、まずは自分《じぶん》の気持《きも》ちを表《あらわ》し、コミュニケーションをはかって平和的《へいわてき》に解決《かいけつ》しようとします。食《た》べものが少《すく》ない自《し》然《ぜん》のきびしい高山《こうざん》に暮《く》らしていくには、顔《かお》や声《こえ》を使《つか》って、ムダな争《あらそ》いを避《さ》けることが大事《だいじ》なのでしょう。

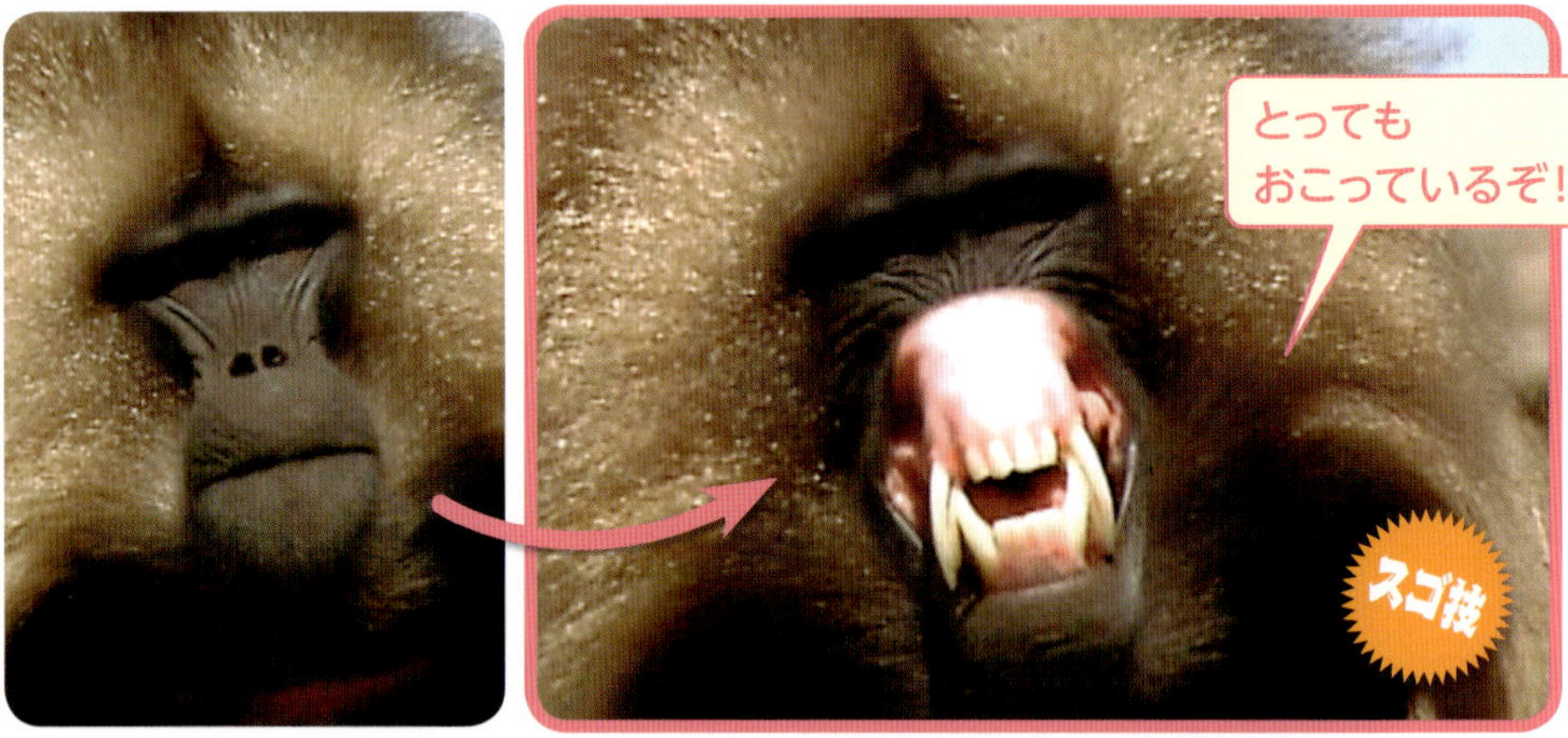
とってもおこっているぞ!
スゴ技

⬆くちびるを大《おお》きくめくって、歯《は》と歯茎《はぐき》をみせるおこった表情《ひょうじょう》。最大級《さいだいきゅう》の怒《いか》りの顔《かお》だよ。

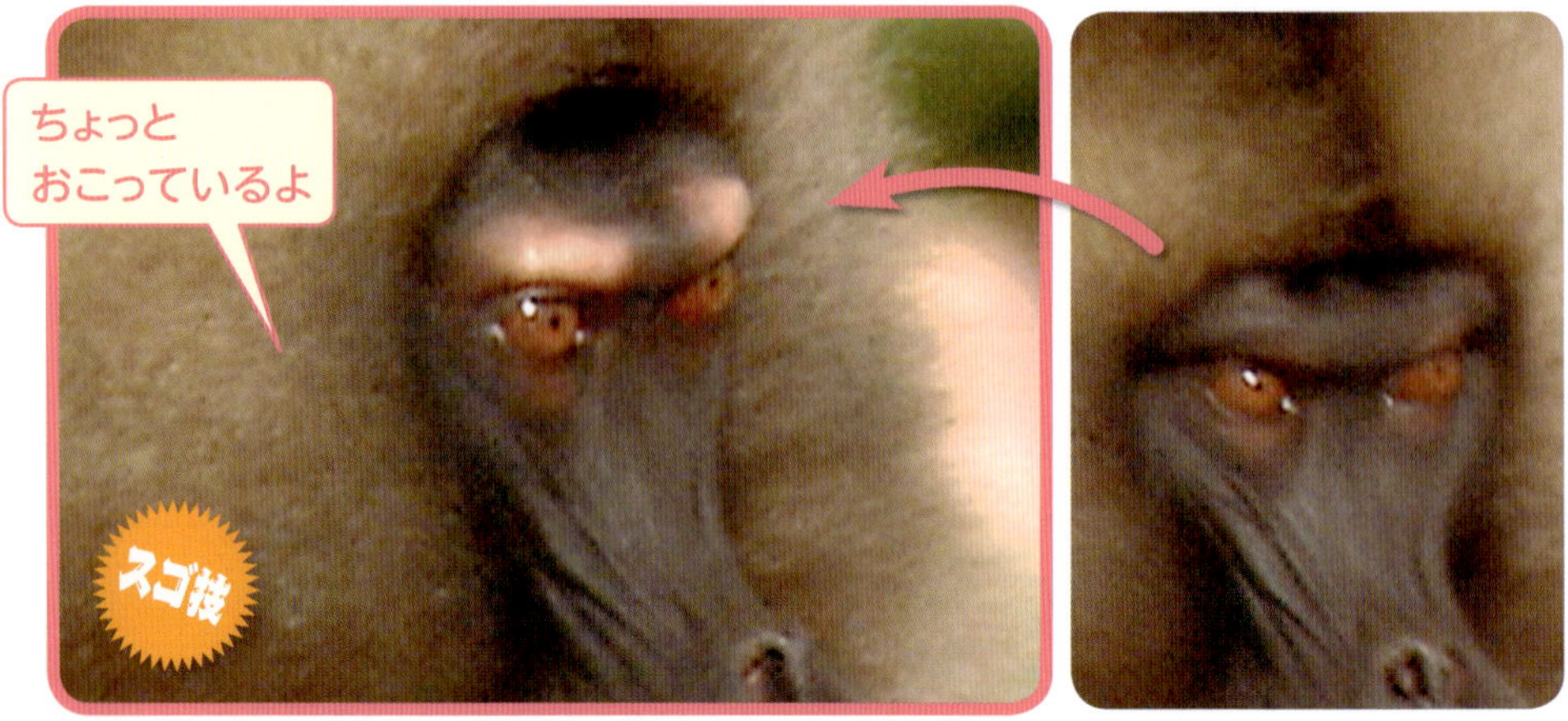
ちょっとおこっているよ
スゴ技

⬆目《め》の上《うえ》を白《しろ》く変《か》えるのもおこった表情《ひょうじょう》。くちびるめくりほどではないけれど、おこっているんだ。

●ゲラダヒヒに関《かん》するクイズは、「行動《こうどう》のナゾ編《へん》」の27ページにあるよ!

すみかのスゴ技《わざ》

メジロダコ

身《み》を守《まも》るために自分《じぶん》の家《いえ》を持《も》ち歩《ある》く

驚《おどろ》いたり興奮《こうふん》したりすると目《め》のまわりが白《しろ》くなることからその名《な》がついたメジロダコ。頭《あたま》と胴体《どうたい》をあわせて8㎝くらいの小《ちい》さなタコです。

すんでいるのは見晴《みは》らしのよい海《うみ》で、敵《てき》から身《み》を隠《かく》すところがありません。砂地《すなち》に潜《もぐ》って隠《かく》れることが苦手《にがて》なようで、身《み》を守《まも》るために、びんやつぼなどを「家《いえ》」にして避難《ひなん》します。入《い》り口《ぐち》は貝《かい》などでしっかりガード。敵《てき》がやってきたときの安全《あんぜん》対策《たいさく》もぬかりがありません。

もともとはからだを隠《かく》すために、貝《かい》がらを家《いえ》にしていましたが、最近《さいきん》はびんや缶《かん》のような物《もの》、

➡海《うみ》に落《お》ちているびんや陶器《とうき》などを利用《りよう》して、マイホームにしているよ。

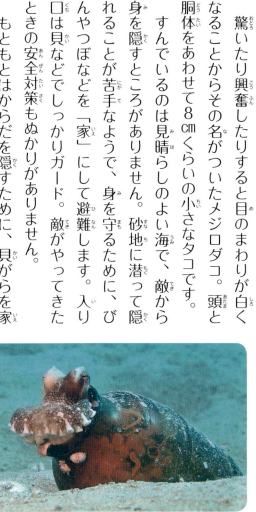

陶器《とうき》のつぼなど、海底《かいてい》に落《お》ちているいろいろな物《もの》をじょうずに利用《りよう》して暮《く》らしています。家《いえ》はからだの成長《せいちょう》に合《あ》わせて交換《こうかん》もしているそうです。

メジロダコは小《ちい》さなからだの割《わり》に腕《うで》の力《ちから》が強《つよ》く、大好物《だいこうぶつ》の貝《かい》を割《わ》れるほどのパワーの持《も》ち主《ぬし》です。わが家《や》の近《ちか》くに獲物《えもの》がいなくなると、マイホームをかかえて引《ひ》っ越《こ》しをします。なんと体重《たいじゅう》の5倍《ばい》ほどの家《いえ》も持《も》ち歩《ある》くことができるそうです。

引《ひ》っ越《こ》し中《ちゅう》です!

スゴ技
入《い》り口《ぐち》は貝《かい》でガード! セキュリティ対策《たいさく》もばっちり

●メジロダコに関《かん》するクイズは、「行動《こうどう》のナゾ編《へん》」の57ページにあるよ!

動物《どうぶつ》たちの生《い》き残《のこ》りバトル

地中《ちちゅう》の国《くに》のジリス!

小《ちい》さなからだに大《おお》きなひみつ

ジリス VS ガラガラヘビ

アメリカのカリフォルニア州《しゅう》に広《ひろ》がる草原《そうげん》に、かわいらしい小《ちい》さなリスがすんでいます。このリスはカリフォルニアジリス。ジリスの「ジ」は地面《じめん》の「じ」。その名《な》のとおり、地面《じめん》に穴《あな》を掘《ほ》って暮《く》らしています。そんなジリスには敵《てき》がいっぱい。ジリスたちはどのように敵《てき》とバトルするのでしょう!

⬆都市《とし》のすぐそばに広《ひろ》がる草原《そうげん》がジリスたちのすみか。

カリフォルニアジリス Otospermophilus beecheyi	体長《たいちょう》:33〜50cm／尾長《びちょう》:13〜23cm／体重《たいじゅう》:280〜740g／食《た》べもの:草《くさ》の葉《は》や実《み》、花《はな》など。／特徴《とくちょう》:地面《じめん》近《ちか》くで生活《せいかつ》するリス。寒《さむ》い地方《ちほう》では冬眠《とうみん》をする。

⬆草《くさ》の実《み》を食《た》べるジリス。

⬆巣穴《すあな》の中《なか》に入《はい》ってきたジリス。

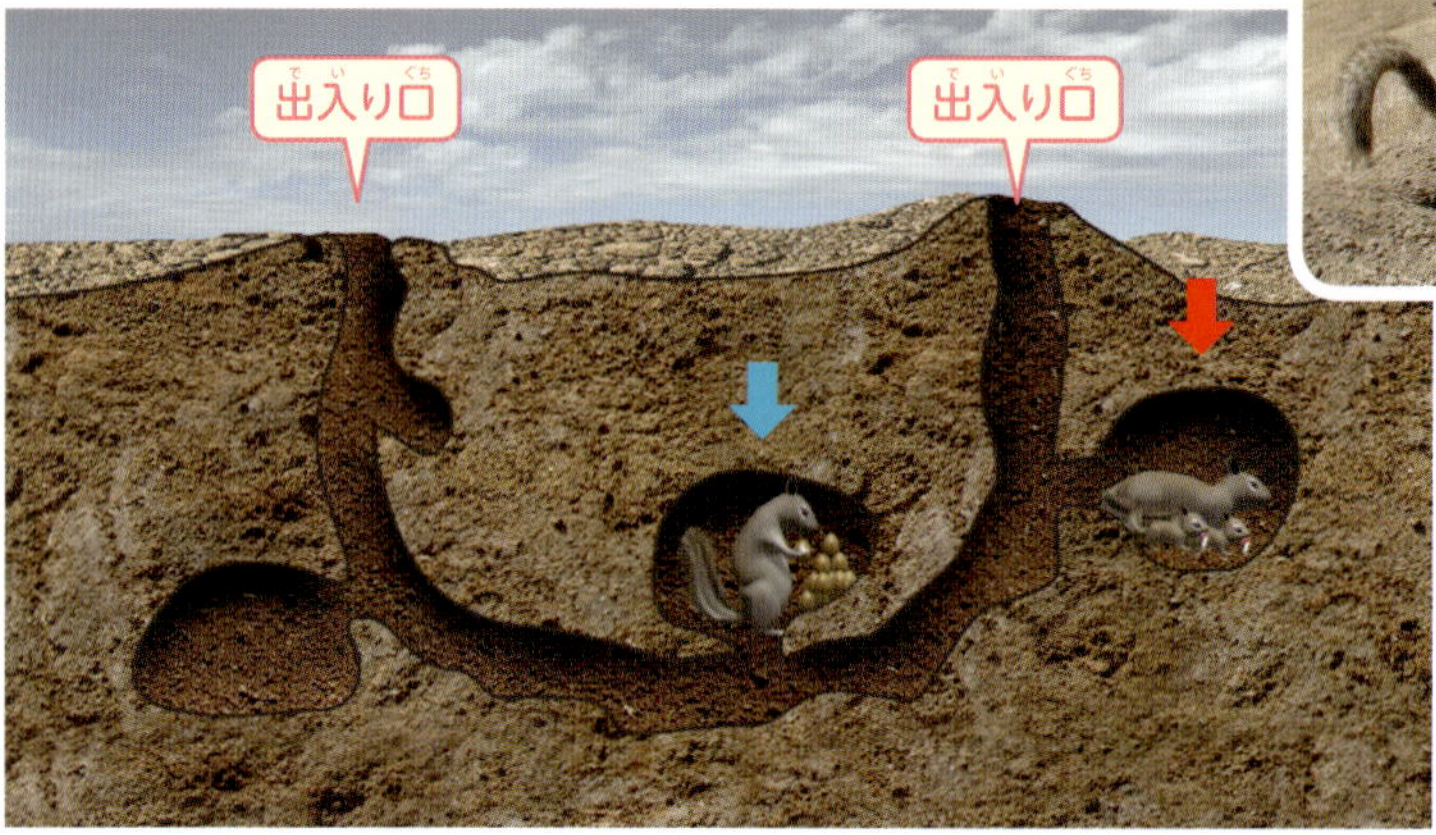

⬅ジリスの巣《す》の断面《だんめん》図《ず》。いくつかある出《で》入《い》り口《ぐち》は中《なか》でつながっている。子《こ》どもを育《そだ》てる部屋《へや》（⬆）や食《た》べものを保存《ほぞん》する部屋《へや》（⬆）などがある。

ジリスの暮《く》らし

ジリスは、草《くさ》の実《み》、花《はな》、葉《は》など地面《じめん》近《ちか》くに生《は》えている植物《しょくぶつ》ならたいてい食《た》べます。1日《にち》の大半《たいはん》を食《た》べることに使《つか》います。巣《す》は地面《じめん》に掘《ほ》った穴《あな》。巣穴《すあな》の長《なが》さはおよそ10m。とちゅうにはいくつも部屋《へや》があって、子育《こそだ》てをする部屋《へや》や、食《た》べものをためておく部屋《へや》など使《つか》い道《みち》が決《き》まっています。出入《でい》り口《ぐち》もいくつかあって、中《なか》でつながっています。

ジリスはこんな巣穴《すあな》を中《ちゅう》心《しん》に、半径《はんけい》20mほどのなわばりをもっています。

なわばりバトル

ジリスにとって、なわばりはとてもたいせつ。もしも、ほかのジリスがなわばりに入《はい》ってきたら、すぐさまダッシュ！　相手《あいて》を追《お》いまわします。それでも、相手《あいて》があきらめないときは、体当《たいあ》たりで勝負《しょうぶ》をつけます。

相手《あいて》をなわばりから追《お》い出《だ》したら、なわばりの境目《さかいめ》にある目立《めだ》つ場所《ばしょ》で、ゆったりと毛《け》づくろいをして、自分《じぶん》のなわばりだとアピールします。

見《み》た目《め》はかわいいのですが、かなり気《き》が強《つよ》いようです。

勝利《しょうり》の毛《け》づくろいを見《み》せつけられて、負《ま》けた方《ほう》は、じり**じりす**てるんじゃあないですかね。

↑ダッシュして、相手《あいて》を追《お》いまわす。

↑勝利《しょうり》の毛《け》づくろい。

↑勝負《しょうぶ》がつかないときは体当《たいあ》たり!

巣穴《すあな》は安心安全《あんしんあんぜん》

観察《かんさつ》していた巣穴《すあな》にはかわいい子《こ》どもたちが3匹《びき》いることがわかりました。子《こ》どもたちが巣穴《すあな》を出《で》て少《すこ》しすると、突然《とつぜん》、大人《おとな》がするどく鳴《な》きました。異変《いへん》を知《し》らせる警戒《けいかい》の声《こえ》です。ジリスたちはいっせいに巣穴《すあな》に逃《に》げこみます。上空《じょうくう》にはノスリ。急降下《きゅうこうか》してリスやネズミをとらえるタカのなかまです。かくれる場所《ばしょ》がほとんどない草原《そうげん》では、巣穴《すあな》は命《いのち》を守《まも》ってくれるたいせつな場所《ばしょ》です。子《こ》どもたちもぶじだったようです。

⬆巣穴《すあな》から出《で》てきた子《こ》どもたち。

⬆かん高《だか》く鳴《な》いて危険《きけん》を知《し》らせる。

知《し》ってる? ジリスの天敵《てんてき》

草原《そうげん》には、ジリスをねらうイヌワシやハヤブサ、コヨーテやキツネなどの天敵《てんてき》がいて、危険《きけん》がたくさんひそんでいます。

⬅ジリスをねらう草原《そうげん》のハンターたち。
❶イヌワシ
❷ハヤブサ
❸コヨーテ
❹キツネ。

最強《さいきょう》の天敵《てんてき》ガラガラヘビ

ジリスたちにとって、いちばんの天敵《てんてき》は、ガラガラヘビです。相手《あいて》をおどすときに、尾《お》でガラガラと音《おと》を立《た》てることでその名《な》がついた、おそろしい毒《どく》ヘビです。ヘビのこわいところは、細長《ほそなが》いからだで巣穴《すあな》の中《なか》まで入《はい》ってくることです。ある日《ひ》、ガラガラヘビがやってきました。巣穴《すあな》に入《はい》ったかと思《おも》ったら、入《い》り口《ぐち》でじっとしています。ジリスたちを待《ま》ちかまえる作戦《さくせん》のようです。気《き》づかずもどってきたジリス。ガラガラヘビのすばやい攻撃《こうげき》に、つかまってしまいました。

⬆せまりくるガラガラヘビ。

⬆ジリスの巣穴《すあな》で待《ま》ちぶせ。

⬆ジリスを飲《の》みこんだガラガラヘビ。

しっぽフリフリ大作戦《だいさくせん》!

数日後《すうじつご》またもやガラガラヘビがジリスの巣《す》穴《あな》に入《はい》っていきます。待《ま》ちぶせ作戦《さくせん》です。ああ、ジリスが食《た》べられてしまう! と思《おも》いきや、なぜかガラガラヘビは跳《と》びかかってきません。いったいどうしたのでしょう?

なんとそのときジリスがとった行動《こうどう》は、しっぽをふるということ。これだけでガラガラヘビはあきらめてしまったのです。

↑しっぽを左右《さゆう》にふるだけ。

➡ジリスの巣《す》穴《あな》に入《はい》るガラガラヘビ。

⬅近《ちか》づいたジリスはしっぽをフリフリ。

➡場《ば》所《しょ》を変《か》えてまたフリフリ。

⬅ガラガラヘビは出《で》ていった。

しっぽフリフリのひみつ

どうして、しっぽをふるだけで、ガラガラヘビは攻撃《こうげき》しないのでしょう？　ガラガラヘビは、くねくねと曲《ま》がったからだを一気《いっき》にのばしてかみつきます。その攻撃《こうげき》のとどく距離《きょり》は30㎝ほどです。ヘビに気《き》づいたジリスは、30㎝以上《いじょう》の距離《きょり》をたもちながら、「ぼくらは気《き》づいているよ」と、ガラガラヘビに伝《つた》えるためにしっぽをフリフリさせていると考《かんが》えられています。

ふいうちがとくいなヘビは、気《き》づかれたとわかると、攻撃《こうげき》をあきらめてしまうのです。

⬆曲《ま》げたからだを一気《いっき》にのばして攻撃《こうげき》するガラガラヘビ（左《ひだり》）。赤線《あかせん》でかこった半径《はんけい》30cmほどが、攻撃《こうげき》がとどく範囲《はんい》（右《みぎ》）。

知ってる？　ガラガラヘビの高感度《こうかんど》センサー

ガラガラヘビは、舌《した》でにおいを感《かん》じます。ふたまたにわかれた舌《した》の、左《さ》右《ゆう》のどちらにたくさんにおいを感《かん》じるかで獲物《えもの》の方向《ほうこう》がわかります。また、鼻《はな》の穴《あな》の近《ちか》くに「ピット」とよばれる器官《きかん》があり、温度《おんど》を感《かん》じることができます。この2つのセンサーで獲物《えもの》を追《お》うのです。

➡ふたまたにわかれた舌《した》(左《ひだり》)とピット(右《みぎ》)。

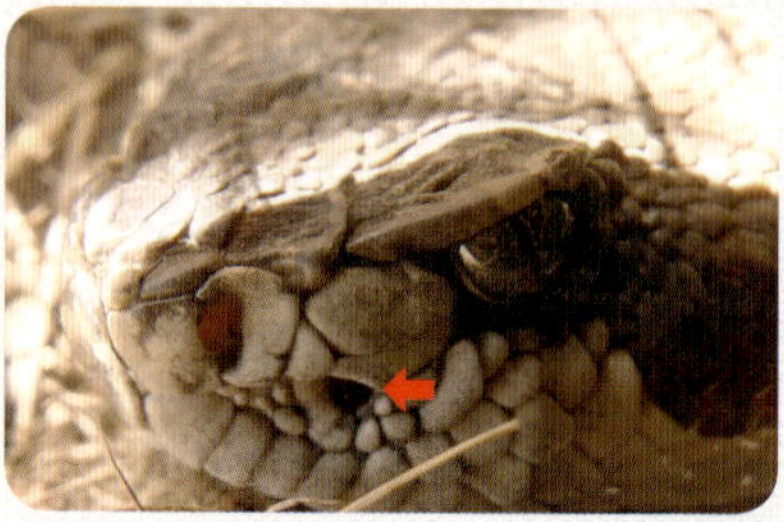

ジリスの作戦《さくせん》

ジリスはおどろくことに、自分《じぶん》からガラガラヘビに攻撃《こうげき》をくわえることもあります。ガラガラヘビを先《さき》に見《み》つけたジリスはしっぽをフリフリさせながら近《ちか》づいて、前《まえ》あしで砂《すな》をかけるのです。こうすると、ヘビがもつ温度《おんど》を感《かん》じる「ピット器官《きかん》」が役《やく》に立《た》たなくなると考《かんが》えられています。

また、ジリスはヘビが脱皮《だっぴ》したぬけがらを見《み》つけると、口《くち》でかんでからだにすりつけます。ヘビのにおいをからだにつけ、自分《じぶん》たちのにおいをごまかすのです。においにたよって獲物《えもの》を追《お》うヘビには、効果的《こうかてき》な作戦《さくせん》です。

⬆ガラガラヘビに向《む》かって砂《すな》をかけるジリス。

⬆脱皮《だっぴ》したぬけがらをかんで、からだにすりつけるジリス。

バトルはつづく…

ガラガラヘビはとてもすぐれたハンターです。しかし、小《ちい》さくてかわいらしいジリスが、じつはとても勇敢《ゆうかん》で、おそろしい天敵《てんてき》、ガラガラヘビに立《た》ち向《む》かう方法《ほうほう》を身《み》につけていました。決《けっ》して食《た》べられるだけじゃないジリスのバトルは、母《はは》から子《こ》に受《う》けつがれていきます。

NHK「ダーウィンが来た!」番組スタッフ

日本国内の身近な自然から、世界各地の未知の自然まで、驚きの生きものたちの世界を、圧倒的な迫力と美しさで描く自然ドキュメンタリー番組「ダーウィンが来た!」を手掛ける制作チーム。2006年4月の放送開始以来、番組は570回を超え、多彩で奥深い自然の営みに迫り続ける。2019年1月に全国公開の映画「劇場版 ダーウィンが来た! アフリカ新伝説」も制作。

- 協力／NHKエンタープライズ
- 写真提供／阿部昭三郎「突進! イボイノシシ」「大追跡! 草食動物は強かった」
  佐渡トキ保護センター「トキ　人とともに生きる」
  Cicada Films「大追跡! 草食動物は強かった」
  尾崎幸司「変幻自在! 歩く忍者イカ」
  吉野俊幸
- カバー・本文デザイン／山本真琴(design.m)
- イラスト／株式会社エストール
- 地図／マカベアキオ
- 画像キャプチャー／エクサインターナショナル・NHKアート
- 編集協力／有限会社バウンド

NHKダーウィンが来た! 生きものクイズブック
進化のふしぎ編

2018(平成30)年12月10日　第1刷発行

編者／NHK「ダーウィンが来た!」番組スタッフ

発行者／森永公紀
発行所／NHK出版
〒150-8081　東京都渋谷区宇田川町41-1
電話／0570-002-140(編集)　0570-000-321(注文)
ホームページ／http://www.nhk-book.co.jp
振替／00110-1-49701
印刷・製本／図書印刷株式会社

Printed in Japan　ISBN978-4-14-081759-9　C8045